7号人轻松粘土手账

猴子酱的美食之旅

7号人　糖果猴　著

机械工业出版社
CHINA MACHINE PRESS

这是一本“猴子酱”和她的宠物“小喵”的粘土物语。用手账的形式，记录吃过的、想吃但没吃到的各种美食，同时设计出充满创意的粘土形象，教你制作用来装饰的小作品。粘土制作教程由简到繁，配以大量的步骤图，让你循序渐进地掌握制作方法。学习粘土制作的同时，还能了解手账的制作小技巧，让学习手工的过程更加有趣、有爱。本书中所有粘土形象均为7号人原创，作为粘土领域非常有影响力的达人之一，7号人的粘土作品得到了诸多国际文创品牌的认可。

图书在版编目（CIP）数据

7号人轻松粘土手账. 猴子酱的美食之旅 / 7号人，糖果猴著. — 北京：机械工业出版社，2017.9

ISBN 978-7-111-57711-9

Ⅰ. ①7… Ⅱ. ①7… ②糖… Ⅲ. ①粘土 – 手工艺品 – 制作 Ⅳ. ①TS973.5

中国版本图书馆CIP数据核字（2017）第195483号

机械工业出版社（北京市百万庄大街22号 邮政编码100037）

策划编辑：谢欣新 孟 幻 责任编辑：谢欣新 王 蕾

封面设计：7号人工作室 责任校对：黄兴伟

责任印制：李 飞

北京新华印刷有限公司印刷

2017年9月第1版 · 第1次印刷

145mm × 200mm · 3.875印张 · 173千字

标准书号：ISBN 978-7-111-57711-9

定价：29.80元

凡购本书，如有缺页、倒页、脱页，由本社发行部调换

电话服务

服务咨询热线：010 – 88361066

读者购书热线：010 – 68326294

010 – 88379203

网络服务

机工官网：www.cmpbook.com

机工官博：weibo.com/cmp1952

金 书 网：www.golden-book.com

教育服务网：www.cmpedu.com

前言

笔者从2000年开始创作粘土形象和编写教程，至今已完成了成百上千个作品。创作这些粘土形象的过程，笔者始终认为是最为神秘有趣的。为了把这份乐趣传递给各位土友，笔者决定用手账的形式来对创作过程进行编排，以便让大家全方位地体会粘土创作的全过程。在这本书中，笔者为大家设定了一个可爱的粘土形象“猴子酱”，她将和自己的宠物“小喵”一起，带领大家进入一个个精彩详细且充满乐趣的粘土制作教程，让学习粘土手工的过程变得有趣、有爱。其实大家有没有感觉自己就是书中的主人公呢？那个机智又美丽、文艺又友善的小美女。希望这本书能让大家爱不释手，更希望这本书能为大家带来快乐。

7号人

这是一本记录猴子酱将吃过的、想吃但没吃到的美食通通变成粘土饰品的特别有趣的美食粘土手账，真心是一个吃货才能达到的境界。希望爱美食、爱生活的你也能喜欢，现在一起来和猴子酱开始奇妙的粘土美食之旅吧。

软陶&超轻纸粘土

这里介绍的工具都是猴子酱进行粘土创作时最信赖的小伙伴，今天把它们隆重介绍给大家，希望你们以后也用得着。

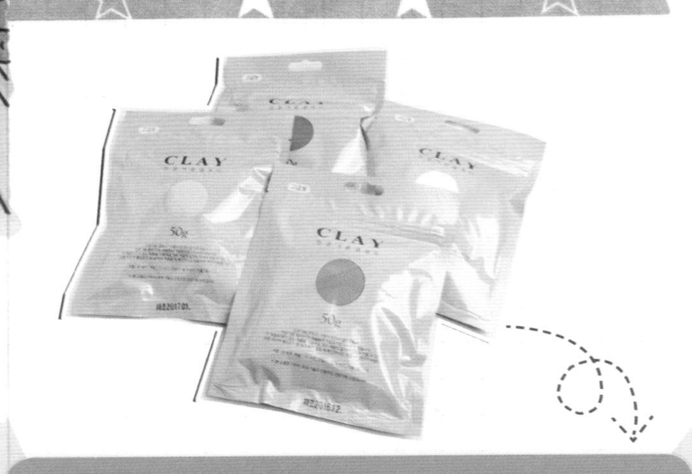

买！挑！选！

超轻纸粘土

超轻纸粘土的出现大大降低了玩粘土的门槛，相对软陶，它价格便宜，易上手捏塑，颜色丰富，混色容易。非常适合大、小朋友们。自然风干的特点也省去了烤制的麻烦，降低了设备上的支出。下图是一款韩国粘土，含有树脂成分，风干后的作品不会变得脆裂，非常富有弹性，易于长期保存。超轻纸粘土还有日本产的纸浆含量高的品种，但是价格不菲。希望什么时候国内也能够出产质量合格，价格适宜的超轻纸粘土。

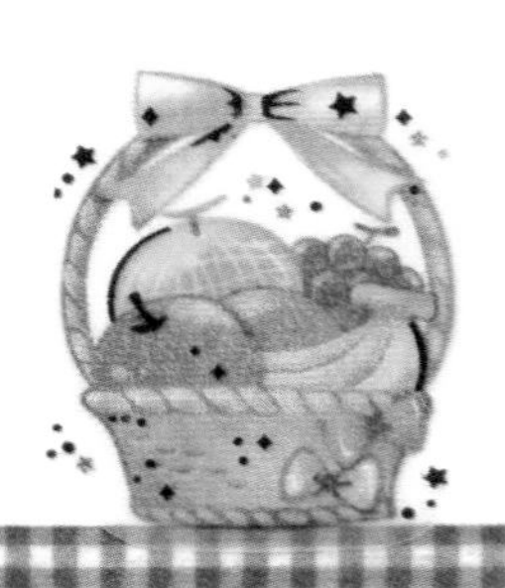

美国土

美国土是需要烤制的，但是不能太高温。猴子酱自己实践的经验是，烤箱上下一起，100℃的情况下10分钟，基本上小零件都会烤好。刚刚烤出来的东西会比较软，冷却以后就会变硬，当然这个会因烤箱的牌子不同而有差别，需要大家自己实践一下，看看自己的烤箱适合什么温度和时间。记得《小马过河》的故事哦，凡事要自己实践才是真理！

下图的软陶在手工圈里叫作美国土。这种超级粘土低温泥作为世界知名的顶级塑型专用粘土，是造型师的最爱，也是全球造型师、模型塑型爱好者最为广泛使用的手办造型材料。美国魔幻大片《哈利·波特》《魔戒》《汽车总动员》等原型均是使用这种美国土制作而成。材料适手，便于修改，无须翻模，可以直接上色和雕刻。因为它的性能好，比起传统软陶好很多，所以有了自己的名字。这种软陶有很多颜色，丰富到你都不用自己混色，而且还有很多带特殊肌理的软陶，更有大家都非常喜爱的半透明色，猴子酱每次在买美国土的时候都情不自禁地买些半透明色，根本不管自己用不用得到，哈哈！

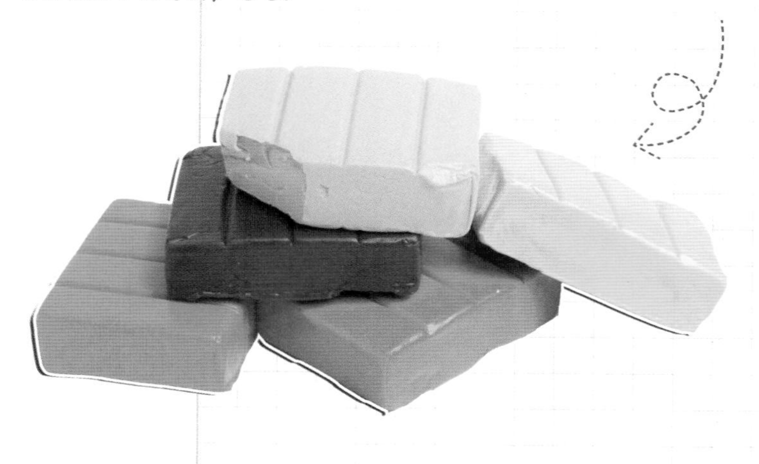

不建议大家在网上购买那些价格特别便宜的粘土，质量不能保证，容易对身体造成伤害。这是猴子酱的一个小小建议哦！

TOOLS

得心应手的工具会让你事半功倍

此处有分割线

工具来了！

基础三件套

这是最常用到的粘土制作工具，别看它简单，每个头的功用发挥好了，可以制作出很多出色的作品哦。

可可当当，我们来了！

随着粘土爱好者越来越多，大家对粘土创作的挑战也越来越高难，对工具的需求好像也变得重要了起来，商家也绞尽脑汁地开发各种各样的工具。所以大家在购买工具的时候也经常会挑花眼，觉得自己什么都需要。不过猴子酱倒是觉得，准备一些基础的工具就好，很多工具我们平常创作的时候都可以自己动手开发。适合自己的才是最好的，希望大家不要被工具控制，也希望大家能够活用工具创作出更好的作品。

球形工具

球形工具是制作许多粘土作品的必备工具，它每个头都配有不同大小的球形，可以随心制作不同大小的花瓣状美食。用它来制作盛放食材的器皿也会得心应手。

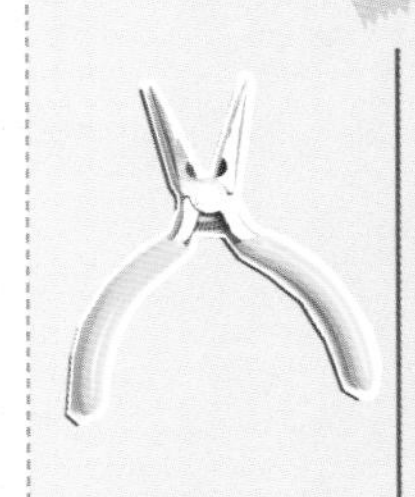

钳子

在这本书里由于我们经常要制作饰品，所以钳子是不可缺少的，金属链长短的修剪和金属环的衔接都需要它的闪亮登场。

刀形工具

制作比较工整的作品时，刀形工具是我们会频繁用到的切割工具，刀形工具不止图上的这一种，还有很多很长的刀形工具，还可以围成想要的形状进行模切。不过要注意别弄伤手指。

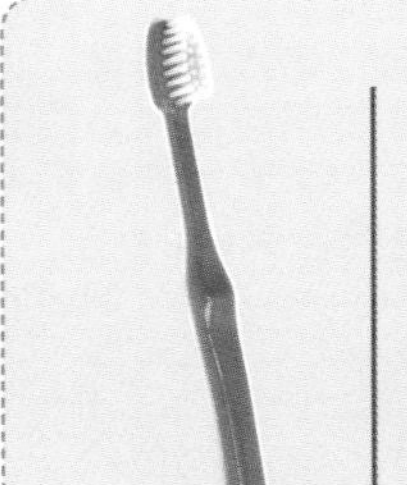

牙刷

这个日常的小物件，在粘土的制作中常常能派上大用处，很多物体的肌理效果都是用这个打造的哦。

七本针

七本针和牙刷工具互为补充，它质地比牙刷坚硬，所以创作肌理更为明显的作品时它就显得特别重要了。

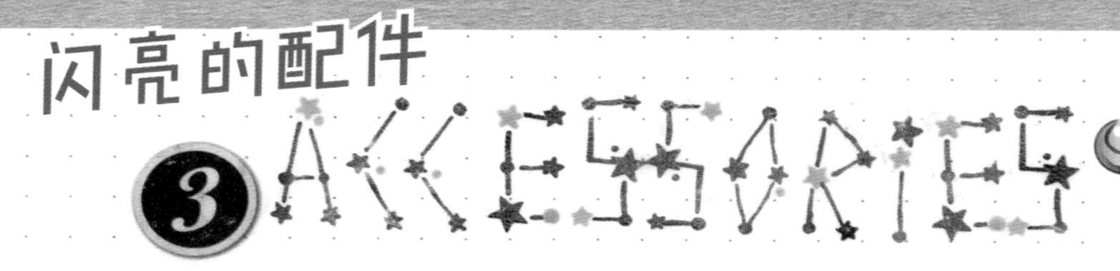

your beliefs and you can turn the world

想要做饰品，金属配件是不可缺少的，平时多积攒一些小配件，没准什么时候会发挥意想不到的装饰效果。这里为大家简单介绍一些必备的配件。希望可以帮到你。

金属链条

金属链条是非常重要的饰品配件。材质上分为金银铜铁，花色上也有很多的选择，O字链、8字链、双8字链、双Q字链、珠链、蛇骨链、椭圆压花链等，完全可以满足创作上的搭配需要。金属链条不只能做单一的一根式的项链，仔细搭配可以呈现很多不同的造型，是非常灵活的配件，希望大家能发挥它们更多的功效为你的创作锦上添花。

底托和连接器

a. 这是**连接环**，用来做零件之间的连接，型号有很多。可以根据连接的零件大小来搭配。
b.图片中的是一个**搭扣**，佩戴饰品要便于摘戴的时候使用。搭扣有很多种，还有龙虾扣等。大家可以根据个人习惯选择。
c.**马甲扣**是纺织品与金属链条之间的连接器。有锯齿的一边固定在蕾丝或者丝带的接口处。型号有很多种，宽窄可以自由选择。

首饰配件

A.**耳钉底托**，耳饰的配件有很多种，这是其中最常见的一种。圆形托盘的地方可以与粘土作品黏合，也有圆形底托上还带有针状插座的底托，大家可以根据制作的类型选择。
B.**戒指底托**，也是常用的DIY首饰配件，前面的连接器有很多种，大家根据需要选择。

连接针

1.**9字针**是上端有一个环状的针，本书中会多次使用到。基本用法就是直接插入作品，然后用9字针的圆环再与其他配件连接。

2.**T字针**底部是一个圆形的扁片，串联一些珠子类时作为隔挡，使之不会漏下去。然后把针头围成环状，再与其他的部件连接。

3.**球形针**的用法和T字针的用法大致是一样的。不过它的底端是圆球，比起T字针更美观，比较适合和珍珠类的配件搭配起来。猴子酱就比较喜欢球形针。

“好菜”配好料 ToDo

4 INGREDIENTS

有时候在作品上适当做一些修饰会让整个效果变得更好，这里介绍一些粘土制作的辅助材料，具体用法在整本书中都会贯穿提到，包括使用的具体方法和位置。

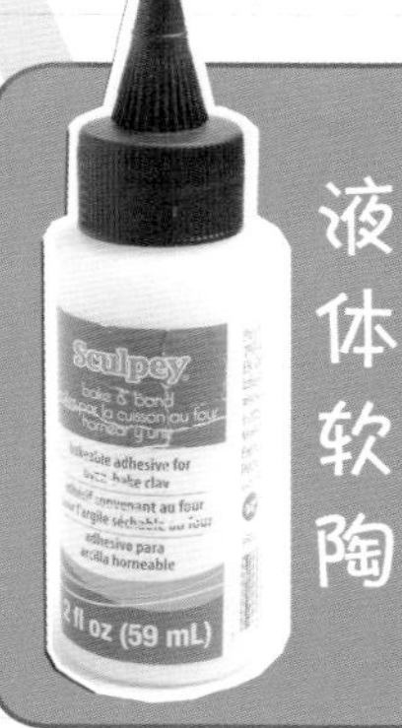

液体软陶

液体软陶的发明实在是太令人开心了。液体软陶有很多种，左图是一种半透明的具有黏合性的液体软陶，利用它就可以将接触点很小的软陶部件牢牢地靠在一起，起到了“胶水”的作用。

还有一种白色的液体软陶，只要上颜色，就可以制作出液体流动的效果，简直就像是变魔法一样。很多材料的诞生，帮助设计者实现了很多想法，让想象的空间变得无穷大。感谢创造这些充满魔力的辅助材料的人们，请再继续发明吧！

猴子酱使用的软陶和辅助材料都是一个牌子，不过猴子酱还知道日本牌子的软陶也配有很多不同作用的辅助材料，大家可以根据自己的需要进行选择。

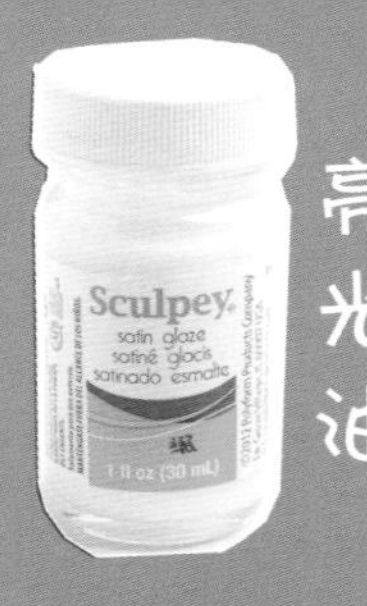

亮光油

哼哼！说到亮光油，它真是个好东西呀，很多作品上了亮光油以后就好像脱胎换骨了一样。比如做一条烤鱼，上了亮光油立刻让它变得令人垂涎欲滴。做一朵花，上了亮光油就会马上感觉它像活过来了一样，让你觉得非常神奇。

尽管如此我们也不能乱用它，有些作品还是本色的好看。有一阵子猴子酱沉浸在亮光油的世界里，将作品都涂上亮光油，结果发现很可笑，好多东西都变得特别假，于是以后便谨慎选择。锦上添花的东西用得恰当便好，不分场合地乱用，最终会毁了你的作品，所以大家千万别犯和猴子酱一样的错误哦！

除了亮光油，还有一种是绸缎光泽的油，估计当初设计这种油的人也想到了，很多作品不需要那么亮，温柔的光泽更漂亮，所以在不涂油和亮光油中间创造出了一种油，大家根据具体制作的内容来选择吧。切记过犹不及的道理。

粉饼水彩

粉饼水彩是一种将水彩压缩成干粉饼状的水彩颜料，比较易于携带，而且用起来也很省材料。搭配上图的樱花自来水笔，就更加如鱼得水了。这种水彩比较适合给超轻纸粘土作品上色，因为超轻纸粘土基本上有纸的属性，所以着色上与水彩更容易融合。这种水彩粉饼使用的时候要注意清洁，以免水笔上附着的颜色污染了别的颜色。所以创作时在手边准备几张纸巾，随时利用自来水笔的水进行笔尖的清洁工作。而且纸巾可以帮助控制笔尖的含水量，让你更好地掌控上色的干湿、浓淡。

色粉笔

色粉笔是给软陶上色的必备佳品。色粉笔的颜色更为丰富，颜色有上百种，价格也是高低不等，贵的要好几千元。我们为软陶上色，选择中等价位的就可以，36色基本就够用了。其实如果只是给软陶上色，用起来特别省，每次用的时候用刀片在色粉笔上轻轻刮下一些粉末，用笔轻轻刷上即可。色粉笔的颜色也可以混色，这一点请大家灵活掌握。

也可以将女孩子用来化妆的海绵剪成不同的形状，给软陶作品上色，还能制作晕染的效果。这些小技巧大家在操作的过程中应该会有自己的心得，希望大家能够掌握各种技巧用来制作心仪的作品。

Monday Tuesday Wednesday

元气满满的早餐
——面包、火腿、干酪冰箱贴
P16

法国金色的奢华
——马卡龙耳环
P20

咯吱咯吱
真好吃
——森系曲奇挂件

P22

Thursday
四
Friday
五
Saturday
六
Sunday
日
不早去
就吃不到
的面包
——牛角面包戒指
P26
就算透支
也要吃！
——美味披萨
P28
闺蜜寄来的爱心下午茶
——蓝莓草莓爱心蛋糕便签插
P32
美得不要不要
的甜甜圈
——甜甜圈钥匙链
P36

元气满满的早餐
——面包、火腿、干酪冰箱贴

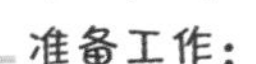

准备工作：

1. 棕色粘土、黄色粘土、白色粘土、红色粘土、肉色粘土
2. 水粉颜料、毛笔
3. 磁铁

大家好，我就是那个需要被美食唤醒的贪吃猴子，能解决猴子酱“起床气”的唯一好办法就是一顿丰盛的早餐。今天就和大家一起打造一组元气满满的可爱早餐冰箱贴，快点一起动手制作吧。

猴子酱的早餐，再这样吃体重真的没办法控制了！

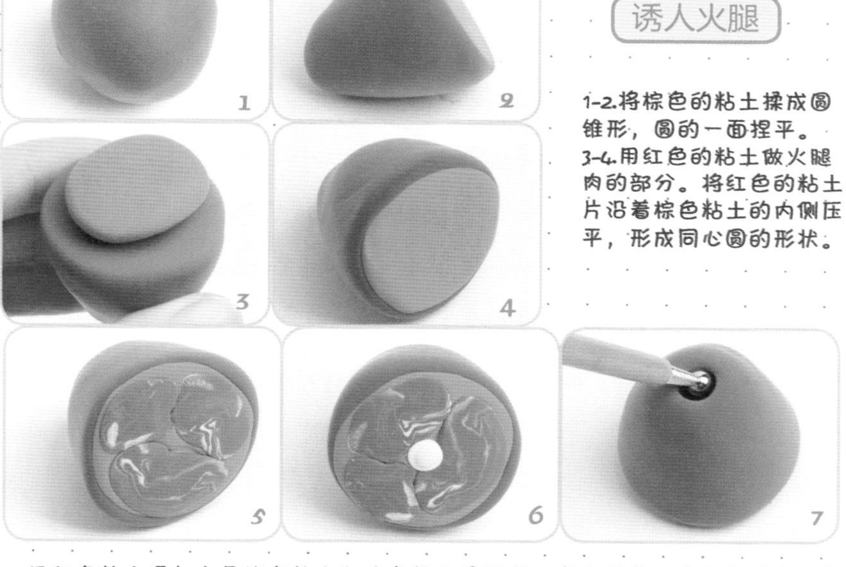

1-2.将棕色的粘土揉成圆锥形，圆的一面捏平。

3-4.用红色的粘土做火腿肉的部分。将红色的粘土片沿着棕色粘土的内侧压平，形成同心圆的形状。

5.用红色粘土添加少量棕色粘土和白色粘土揉压成不完全混色，作为火腿肉上肉质的分组，一共三组，形状位置参照图例。

6.在火腿肉的中间添加原色的白片，作为骨头切开的横截面。在白色圆的中间再添加上肉色的粘土作为骨髓的部分。

7.然后用球形工具在火腿的另外一端压出一个深一些的凹槽，等一下会插上骨棒。

point

有时候用不完全混色可以制作出很多奇特的效果，比如用白色与浅蓝色可以混合成冰块的效果，冰激凌什么的也可以用这种方式。

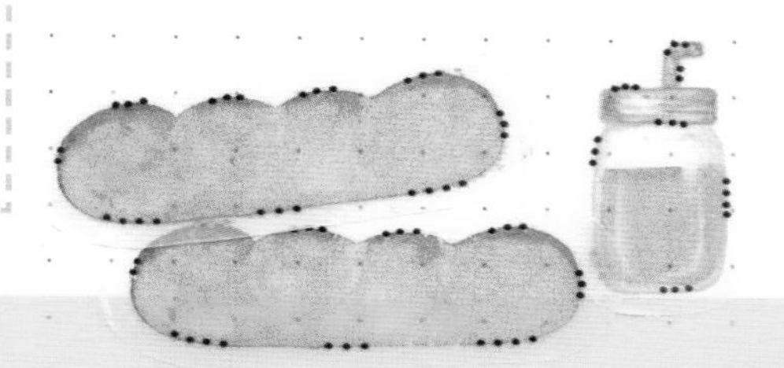

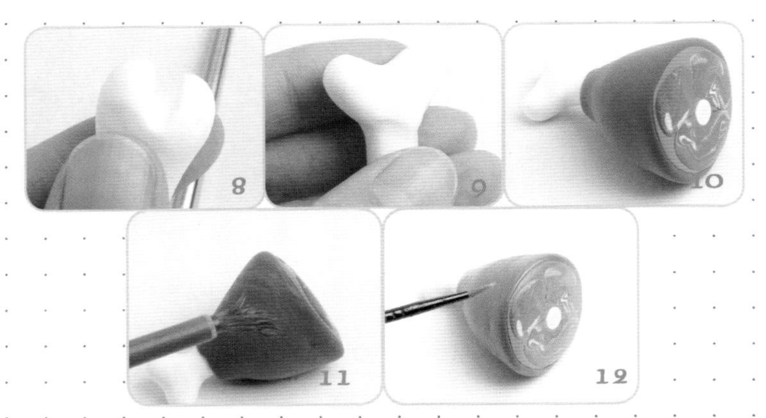

8-9.用白色的粘土制作骨棒的部分，先将白色的粘土揉成一个骨棒的形状，然后用万能棒在圆头的一端压出一个凹槽。用手指整理压过的地方，让其形成圆滑的弧线。
10.将做好的骨棒插入事先压出的凹槽。
11-12.用毛笔蘸一些橘红色和棕黄色的颜料，保持笔尖干燥然后扫在火腿的外皮处，形成烤制的效果，晾干后再涂上亮光油。诱人火腿就完成了。

大孔干酪

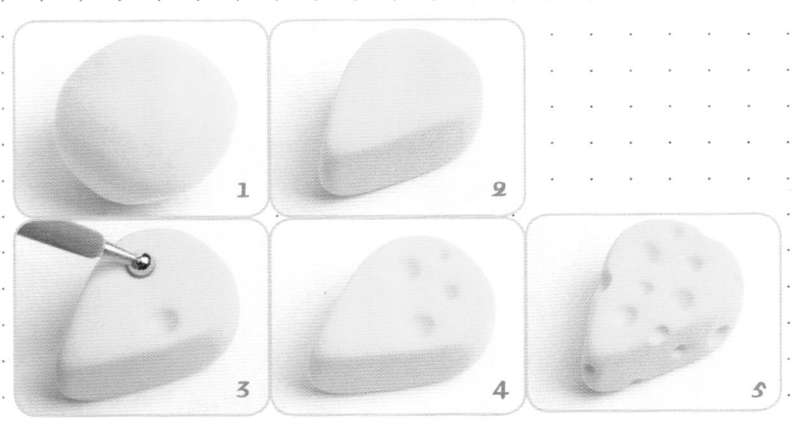

1.准备一块黄色的粘土。
2.将粘土捏成如图所示的三角体，注意保持厚度。
3-5.用球形工具在三角体上压出不规则的圆球凹槽，制作干燥后气孔的效果。这里可以用大小不同的球形工具进行操作，让干酪最终呈现发酵后气孔大小不一的自然形态。

嚼劲法棒

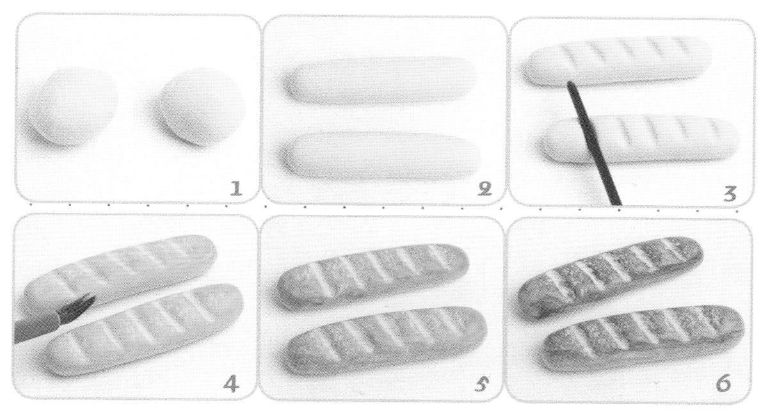

1.首先用白色的粘土加一些黄色和微量棕色的粘土混合出如图所示的面包的底色。
2-3.然后将粘土揉成两个长条，用细杆的水彩笔一端压出斜着的纹理。再用牙刷在表层压出肌理。
4-6.制作面包的底色。首先刷上黄色，然后上橘黄色，最后在边角上深棕色。注意上色时保持笔尖的干燥，不用太多的水分，否则会失去面包烤制的干燥效果。

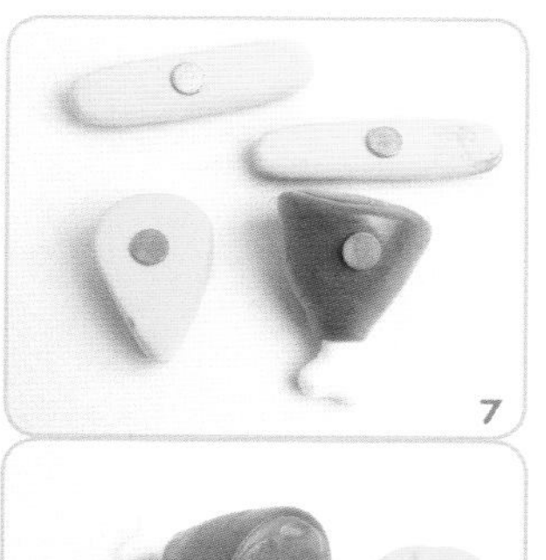

7-8.等待粘土作品彻底干燥，用胶水将这种圆形磁铁粘贴在背面。丰盛的早餐冰箱贴就制作完成了。

Power UP!

法国金色的奢华
——马卡龙耳环

今天看了一部法国的电视剧，被里面金色的马卡龙山给震惊了，一边想的是太阳王时代的辉煌和贵族的奢侈生活，一边吃货的自觉又爆发了。虽然吃不上电视里的金色马卡龙，但是也想一定要立即吃到马卡龙才行。谁能理解一个吃货迫切的心呢，今天就做一个金色的马卡龙耳环安慰一下。

准备工作：

1. 金、银色软陶
2. DIY金属配件

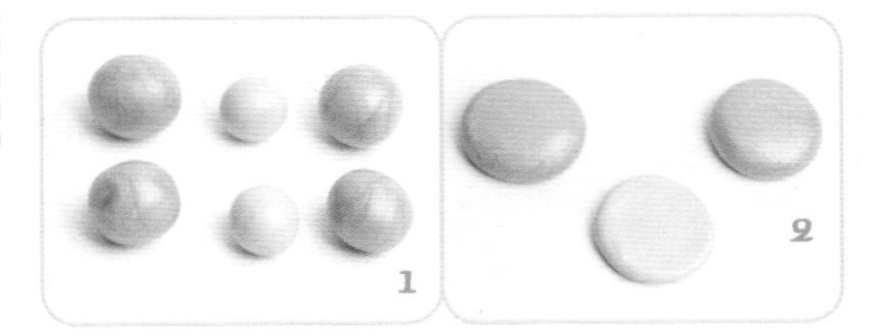

1-2.准备金色和银色的软陶，将其分成图1中的两组，然后分别按成扁片。

3.将银色软陶夹在金色的软陶中间。

4.然后用七本针在银色的软陶中间扎出肌理效果。

5-6.用牙签或者尖一些的工具围绕金色软陶的内侧制作如图所示的肌理效果。

7.将9字针剪短，然后插入马卡龙的中间。

8.准备10条细金属链。长度根据大家的脸型，或长或短。

9.用球形针将其串起来。

10.再套上珍珠，流苏部分便制作好了。

11-13.将做好的流苏插入马卡龙的另一端，然后把耳钩和9字针相连。金色的马卡龙耳环就制作完成了。放入烤箱烤制定型。

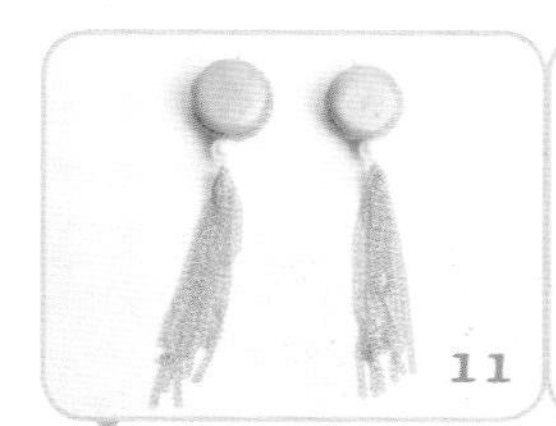

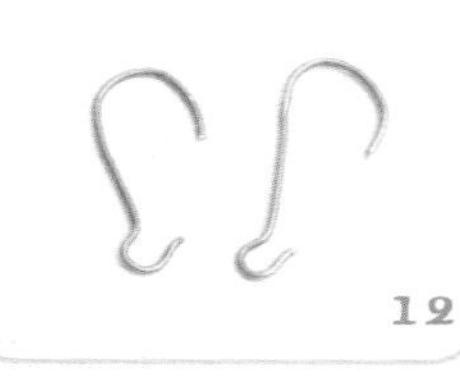

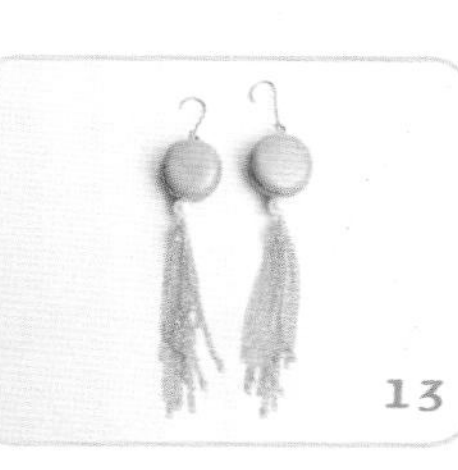

point

100℃烤制10分钟即可。

咯吱咯吱真好吃

——森系曲奇挂件

咯吱咯吱，真好吃，这次去吉卜力美术馆猴子酱又没有忍住，看见漂亮的饼干盒子就忍不住买。不过饼干真的好吃，盒子也被猴子酱认真地收起来装杂货用了。

猴子酱原本也有个装贤惠的梦，可是随着那次烤饼干失败以后这种想法都被彻底打消了，但是追求美丽东西的心还是永恒不变的，今天又看见了一款漂亮的曲奇，就和大家一起分享一下做法吧。

心形砂糖曲奇

准备工作：

1.棕色、黄色、白色超轻粘土
2.食玩用砂糖

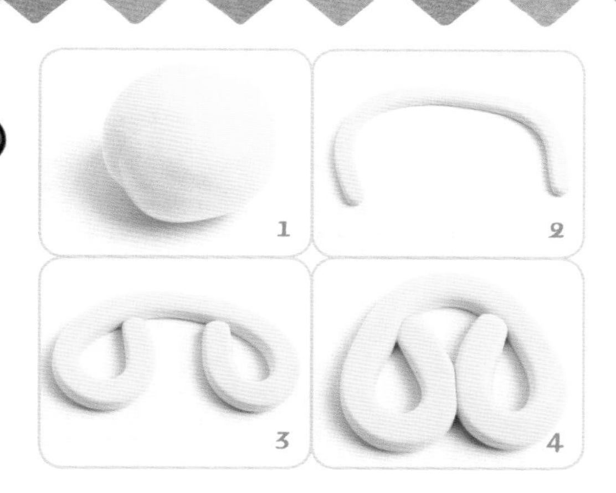

1.用白色添加少量的黄色和微量的棕色调出如图所示的底色。

2.然后将粘土揉成细条，再压扁成方形。

3-4.按照如图的顺序，先将细条两端对折粘贴在内侧，然后两个圆环段黏合，形成一个心形。

5.用牙刷在表面压出肌理。

6.由于曲奇的纹理要比一般的饼干纹理粗糙一些，所以再用刀形工具沿着心形的弧线划出一些线条的肌理。

7.给曲奇上色，底色是黄色，然后上淡橘黄色，最后外围扫上一些深棕色。

8.最后用胶水在表面涂抹，撒上食玩用砂糖等待干燥就可以了。

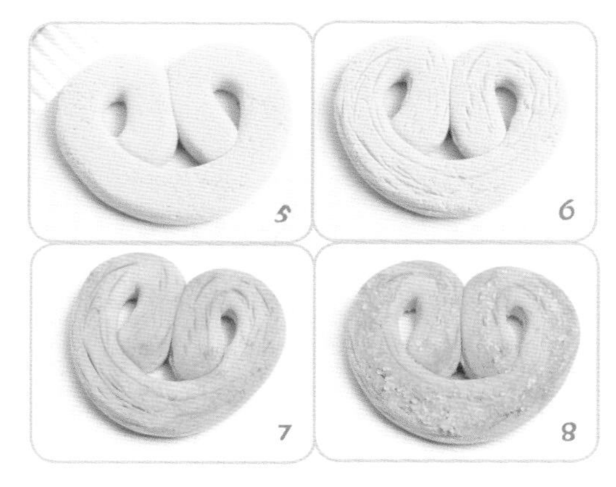

坚果曲奇

准备工作：

棕色、黄色、绿色、白色超轻粘土

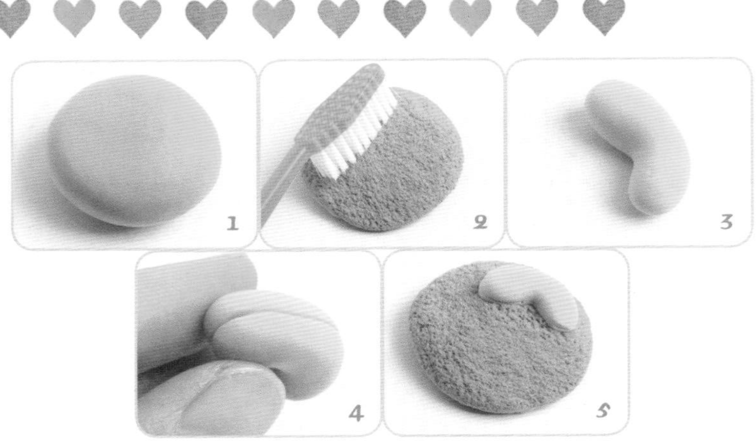

1-2.将棕色的粘土加入少量的黄色粘土混合成图1颜色。然后用牙刷压出肌理。

3-5.用白色加少量的黄色和微量的棕色制作腰果的颜色，腰果揉成两头圆中间细一些的形状，弯曲，用刀形工具在背部开一条凹槽。将制作好的腰果固定在圆形曲奇一侧。

6-8.将棕色的粘土揉成水滴形，然后用刀形工具压出杏仁的纹理。固定在曲奇上。

9-10.接下来制作开心果，将深绿色的粘土制作成种子掰开的效果，在切面的一侧铺上浅绿色粘土，压平，效果如图10，制作若干。

11.用深棕色粘土做成细条，一侧压平，做成巧克力碎，效果如图11，制作若干。

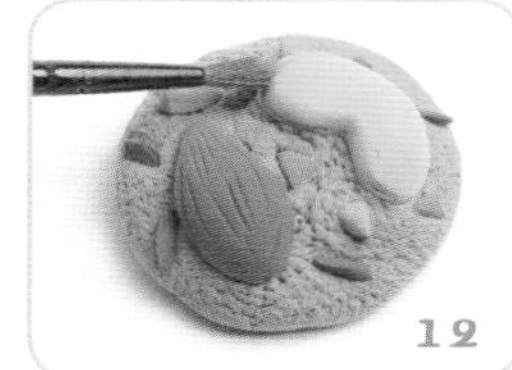

12-14.将制作好的开心果和巧克力碎按照如图12的效果固定在曲奇饼干上。然后用深棕色的颜料给曲奇上色，等粘土干燥后用亮光油为腰果和杏仁的部分上高光，其余的部分不要涂亮光油。因为曲奇其他部分是不反光的。

配件组装

准备工作：

棕色、黄色、绿色、白色超轻粘土

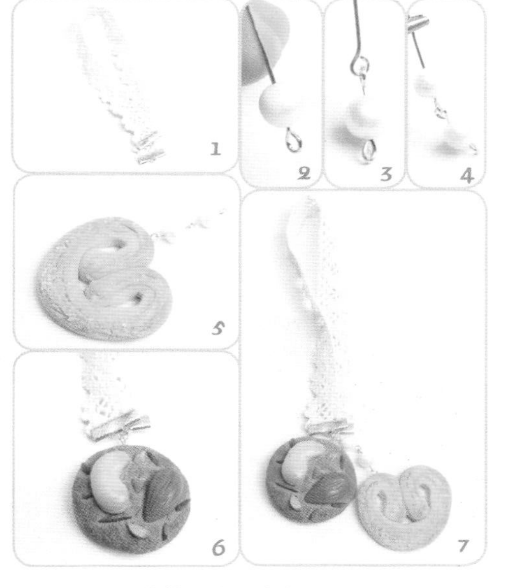

1.用马甲扣将蕾丝带固定起来。
2-4.用9字针串上珍珠。然后固定在另外一个9字针上再继续串另外一颗珍珠。
5.将做好的珍珠链连接在心形曲奇上。
6-7.蕾丝带子与坚果曲奇用9字针连接。最后将心形曲奇与坚果曲奇的连接口连接起来。森系曲奇挂饰就制作完成了。

不早去就吃不到的面包
——牛角面包戒指

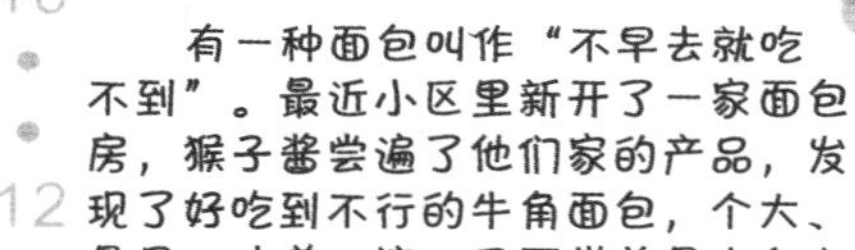

怎么样，牛角王够大吧！

有一种面包叫作“不早去就吃不到”。最近小区里新开了一家面包房，猴子酱尝遍了他们家的产品，发现了好吃到不行的牛角面包，个大、量足、味道一流，只可惜总是中午之前就售罄了，太早去没做出来，太晚去就买不到，真是好货难求啊，猴子酱有好几次都错过了，今天就一边吃着刚抢到的面包一边做手工，将一个吃货的日常生活记录下来吧。

准备工作：
1.棕色、黄色、白色软陶
2.DIY戒指托
3.色粉

MIDNIGHT PARIS

3 MONTH 9 DAY

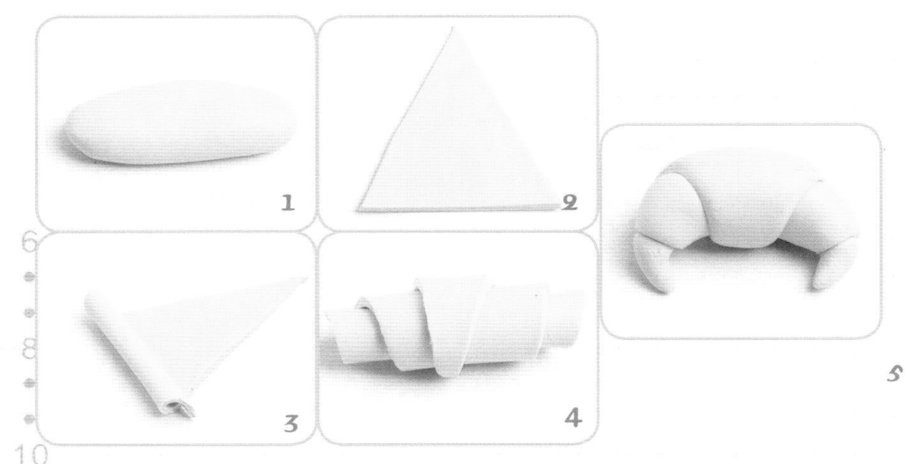

1.用白色添加少量的黄色和微量的棕色混合出图1颜色。
2.然后用擀泥棒擀成扁片，再用刀片切割成图2三角形。
3-5.接下来从三角形底边的部分开始卷。卷成图4的形状。最后用手将软陶整理成图5的效果。

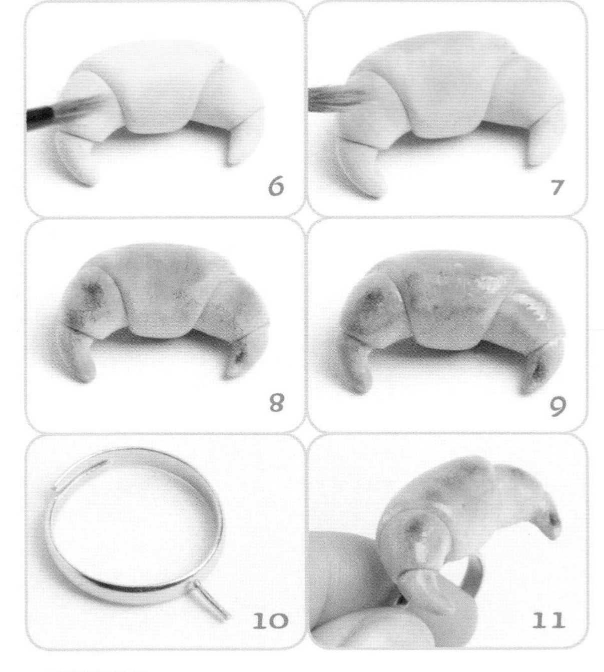

6-8.用毛刷粘些黄色的色粉上第一层底色，然后用橘黄色上第二层，接下来用深棕色在最隆起的部位上色，为了自然尽量不要上得特别均匀，这样能产生烤制的效果。
9.最后给牛角面包周身涂上亮光油。晾干。
10-11.准备一头带针的戒指托，将做好的牛角面包固定在上面，放入烤箱烤制。

point

100℃烤制10分钟即可。

就算透支也要吃！
——美味披萨

泰国普吉岛的海鲜披萨，不过海鲜是不是都没看到？嘿嘿，藏得太深！

3 MONTH 11 DAY

啊！小喵，有披萨！我要吃！要吃！~

有一种钱不能省，那就是吃好吃的呀！大家好，我就是那个就算花光最后一分钱也要吃个酣畅淋漓的猴子酱。猴子酱今天就和大家交流一款美味披萨胸针，戴上它是不是可以立刻证明自己的身份了呢——我是吃货一枚！哈哈。话不多说一起动手做吧。

Summary.

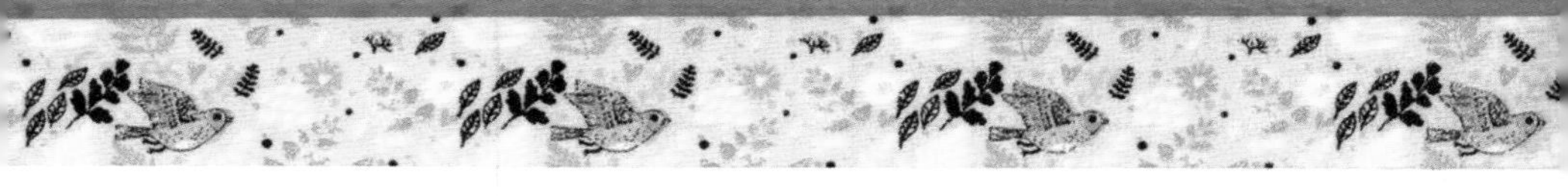

准备工作：

1.白色、黄色、绿色、红色、紫色、黑色软陶
2.DIY胸针

披萨饼皮

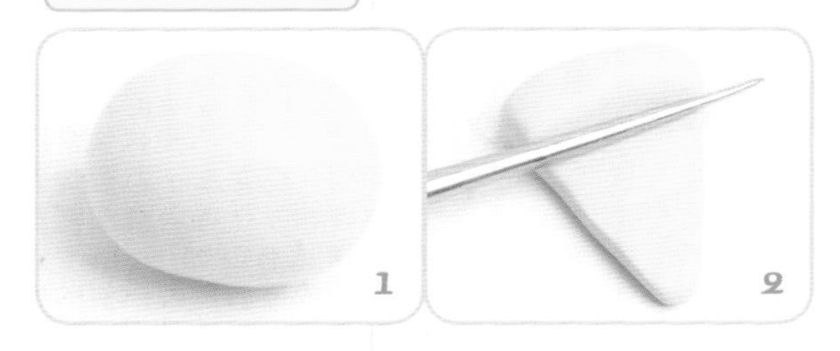

1.用白色添加少量的黄色和微量的棕色混合出图1颜色。

2.将粘土捏成三角形，然后用万能棒压出芝心卷边的效果。

黑橄榄、菠萝、彩椒

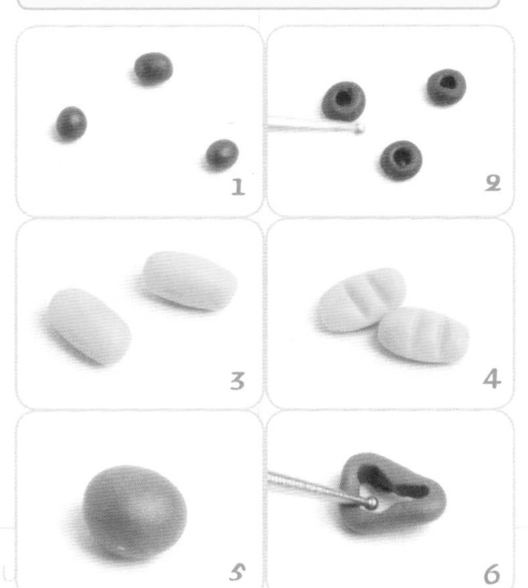

1-2.紫色加黑色揉出黑橄榄的颜色，然后用细节针将中心扎穿。制作三颗备用。

3-4.黄色的软陶揉成小圆柱，然后用刀形工具在上面压2刀，制作2个备用。

5-6.绿色的粘土揉成圆片，然后用细节针在中间掏空，再修成如图所示的内侧有花边的形状。制作两个备用。

蘑菇、大虾、香肠

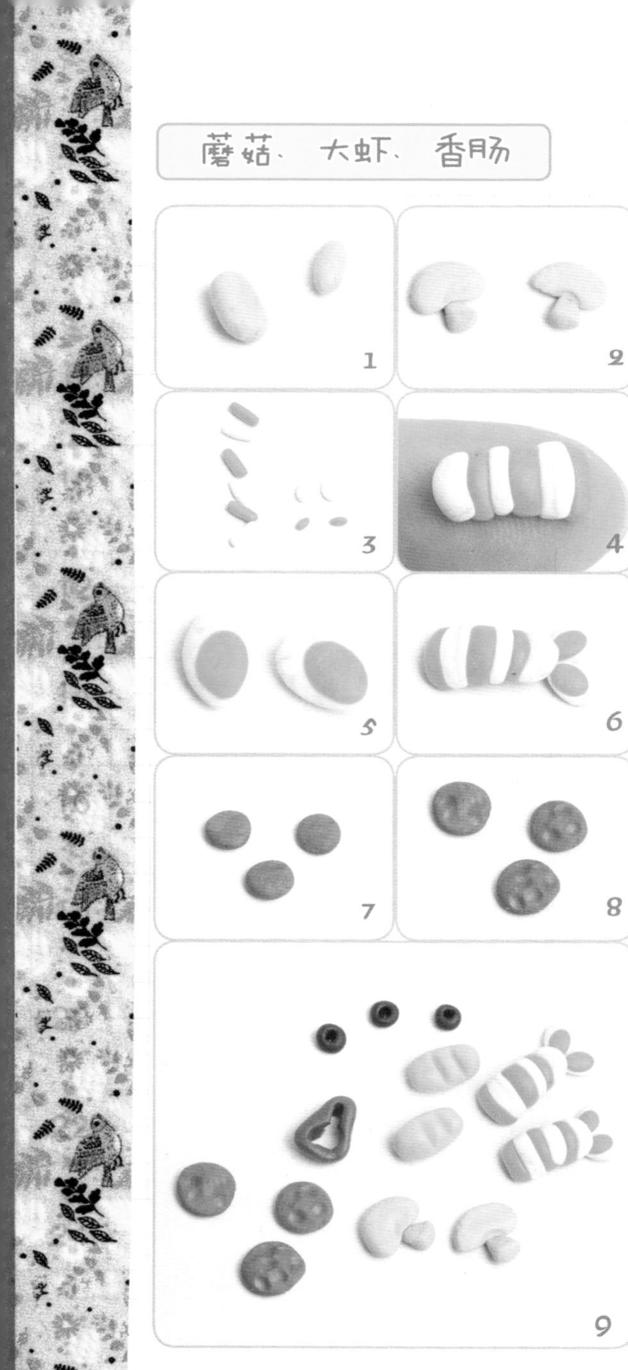

1-2.白色的软陶添加微量棕色的软陶混合出如图所示的蘑菇颜色，蘑菇分为上下两部分，顶部成伞状，底部是柱状，效果如图，准备两个。

3-6.用白色和橘色软陶制作颜色相间的大虾效果，虾的身体是三个白色椭圆泥条和三个橘色椭圆泥条穿插排列，如图4所示。大虾的尾部是大一些的白颜色椭圆形套住小一些的橘红色椭圆形，如图5所示。然后将身体和尾巴连接在一起，大虾一共准备2个待用。

7-8.接下来用深红色的软陶制作香肠片，用细节针在上面压出加热后的坑洼的肌理效果。

9.所有配料的大小比例参照图9。

披萨成品

1.将制作好的配料按照图1的效果摆放好。如果不黏合可以加一些液体软陶帮助黏合。

2-3.用色粉笔给披萨上色。先是淡黄色铺底，然后是橘黄色，最后是棕色和深棕色，这里需要注意，深棕色只上几个点就足够了，否则披萨就会像是被烤煳了而显得一团糟。

4.最后用亮光油给披萨上光泽，如果没有亮光油也可以用指甲油或者滴胶代替。

5-6.将准备好的DIY胸针用液体软陶黏合在披萨的背面，然后放入烤箱烤制。等待晾凉了就可以戴出去美美地秀一下了。

1

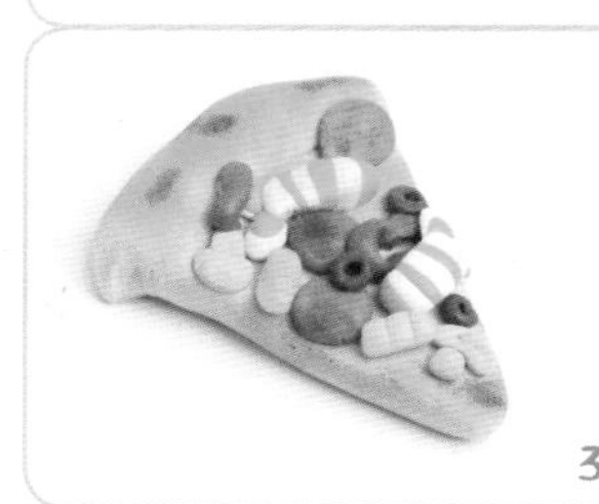

2

point

100℃烤制10分钟即可。

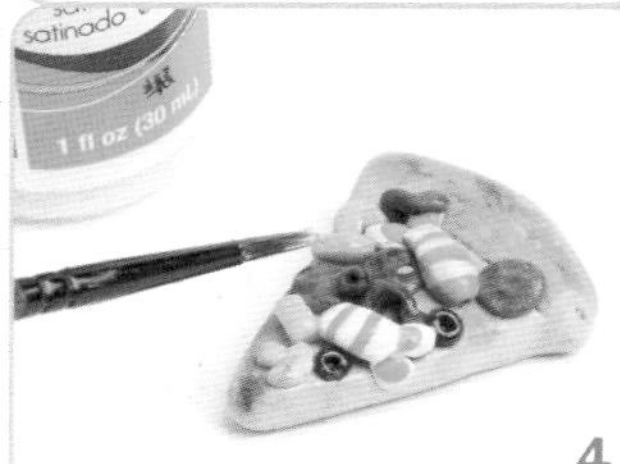

3

4

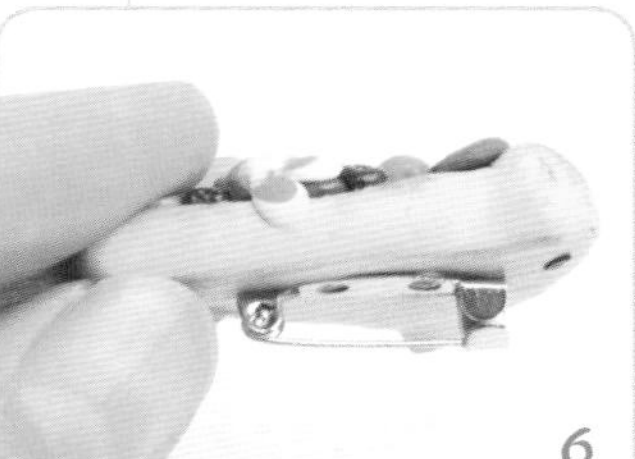

6

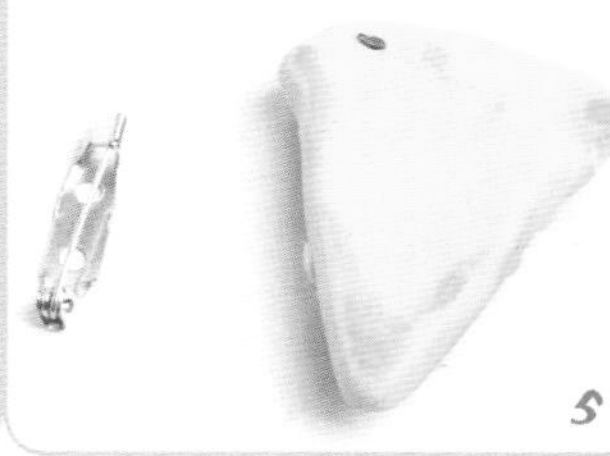

5

闺蜜寄来的爱心下午茶

——蓝莓草莓爱心蛋糕便签插

3 MONTH

17 DAY

如果猴子酱有什么好吃的没吃到，那么就会一直念叨。这不，路过了一家蛋糕店，里面的蛋糕好看得不得了，但是旅游时间太紧迫，结果没吃上，回来以后就一直忘不了。今天就收到了闺蜜寄来的自制爱心小蛋糕，用闺蜜的话说“这个蛋糕是治疗用的”，虽然不是猴子酱一直惦记的那家可爱蛋糕店的，但是也可以先止一下心瘾。么么哒！闺蜜真好！

1

2

3

4

5

准备工作：

1.棕色、白色、深紫色、红色纸粘土
2.回形便签插

蛋糕杯的制作

1-3.首先制作蛋糕杯，用棕色的粘土揉成一个圆形，然后用球形工具在中间压出凹槽，再用手将凹槽拉伸成六边形的杯槽。

4.找一根一次性筷子，将它的头削成方形在杯槽外侧压出如图的肌理。

5.用白色的粘土填充内部。

草莓、蓝莓的制作

1

2

3

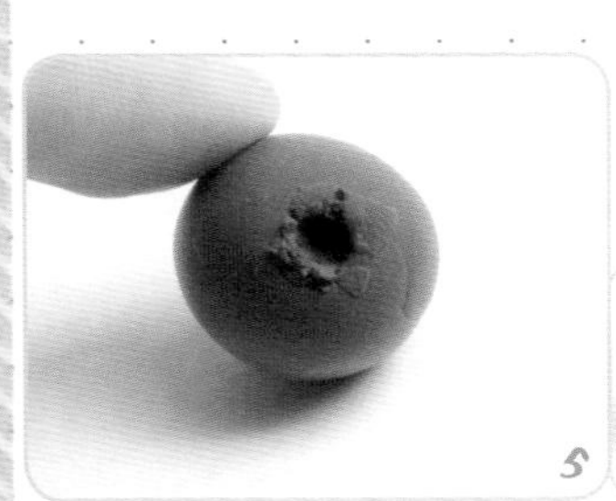
5

4

6

1-2.揉出5个红色的椭圆形，用尖头的工具在周身压出细小的凹槽，效果如图2所示。

3.在白色的底托上用球形工具压出草莓的凹槽，然后再将草莓放入凹槽中，在草莓的空隙处压出蓝莓的凹槽备用。

4-6.揉出5个深紫色的圆球，颜色是用紫色加黑色调出的，然后在一端用球形工具压出凹槽，沿着凹槽顶部撕出一些紫色的粘土做蓝莓干瘪的蒂的效果。

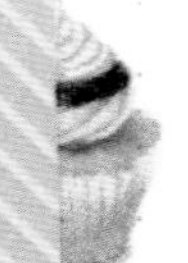

草莓、蓝莓的制作

1.这个是制作奶油的裱花嘴和裱花袋。

2.这个是白色的仿真糖霜。

3.将液体奶油土用裱花嘴挤在草莓、蓝莓的空隙中。

4.然后在最上面撒上仿真糖霜，可爱的蛋糕杯就制作完成了。

这个就是没吃上的新宿甜品店的小蛋糕们！是不是很好看？

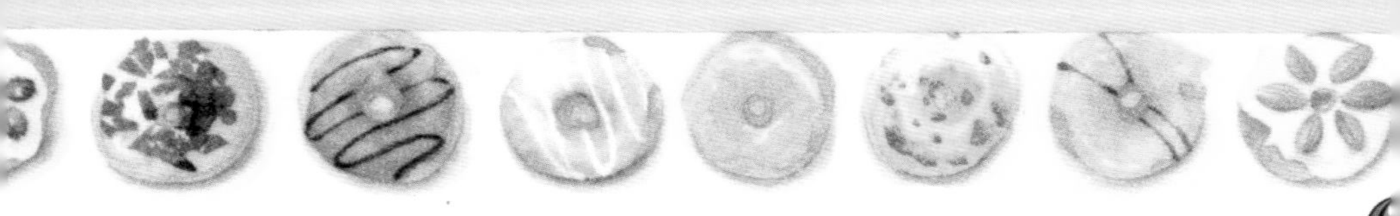

BEST WISHES TO YOU

美得不要不要的甜甜圈
——甜甜圈钥匙链

3 MONTH 20 DAY

猴子酱绝对属于颜控的那种生物，面对橱窗里陈列的那些美得不要不要的甜甜圈实在是走不动步了，趴在橱窗外贪婪地看着，直到小喵不断地催促才恍然醒悟，这个店已经打烊了，为什么外国的商店关门都那么早啊！旅行就是这样，一旦错过那些意外发现的小店就没有办法再弥补，就算再来到这个城市，也没有办法完全记得那些曾经憧憬的店铺究竟在哪儿了。

不过就算是对那些甜甜圈的惊鸿一瞥也让猴子酱理解了“美食”的意义，其中“美”字不仅是食物外观的美还有品味时的美好感觉，即两者交融的意思啊！只可惜，猴子酱只观其形未食其味大为遗憾啊！只能将这种遗憾寄托在手工上了，甜甜圈钥匙链开始吧！

不过后来猴子酱在北京也发现了这种漂亮的甜甜圈！

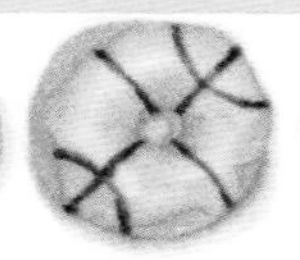
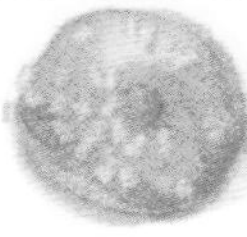
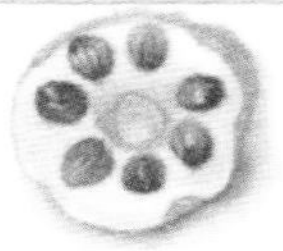

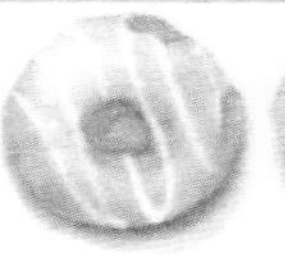
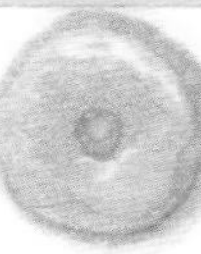

基础部分

准备工作：

1. 金色、浅粉色带亮片、深粉色、黄色、浅蓝色、黄色、浅黄色、白色带亮片软陶
2. DIY金属配件、珍珠

1

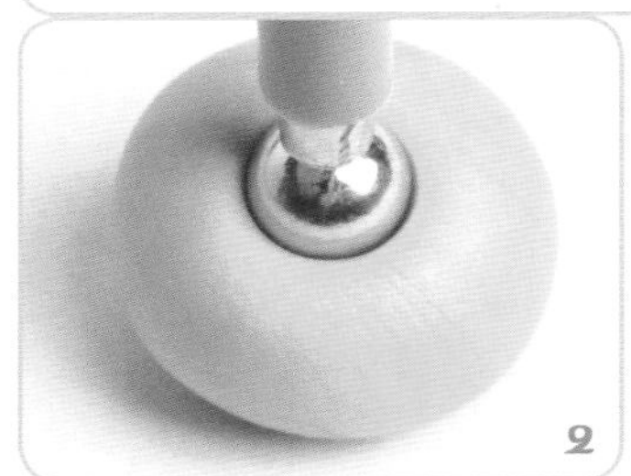

2

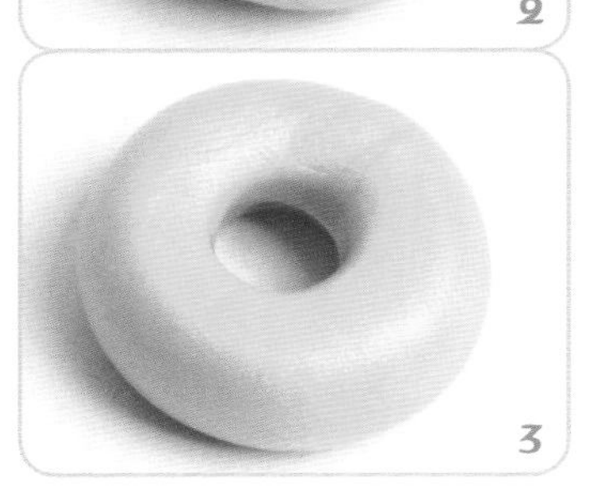

3

1. 先来制作甜甜圈面包的部分。将金色的软陶等分成3个球。

2-3. 然后用球形工具在中间压出一个孔。这个孔不能一次压成型，需要反复地碾压，然后用手指整理边缘，让它整体看起来平滑。

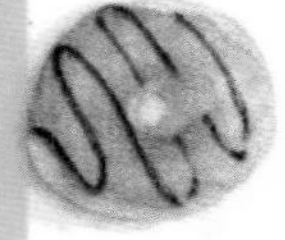

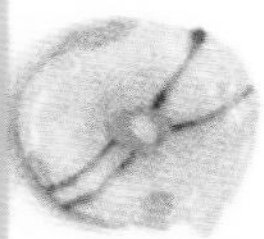

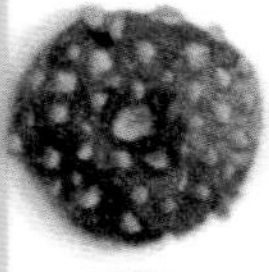
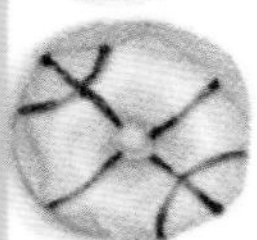
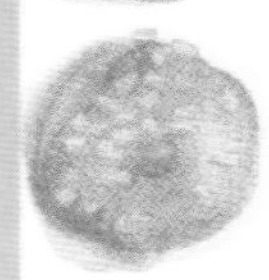
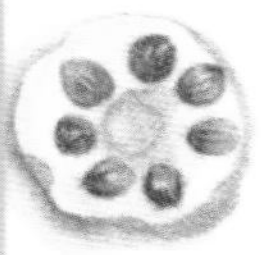
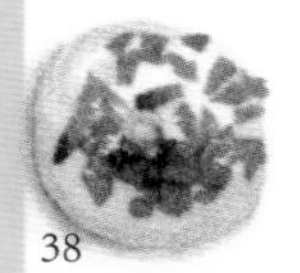

白色甜甜圈

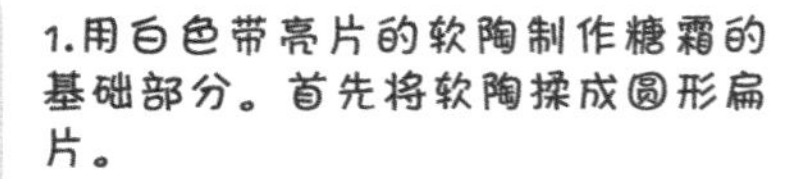

1.用白色带亮片的软陶制作糖霜的基础部分。首先将软陶揉成圆形扁片。

2.然后将白色软陶放在做好的面包圈上，再用球形工具压出圆孔。

3-5.接下来制作撒在糖霜上的小糖粒。白色的甜甜圈上我们选择用淡粉色、黄色、浅蓝色的软陶制作糖粒，其中粉色和黄色的糖粒我们用手指挤成三角体不均匀地粘贴在白色的软陶上，浅蓝色的软陶我们揉成圆形的小糖粒点缀在粉色和黄色糖粒的周围。白色甜甜圈的基础部分就制作完成了。

point

之所以选用金色和白色带亮片的软陶是因为猴子酱想让制作的饰品看起来更加有BLINGBLING的感觉。

浅粉色甜甜圈

1.浅粉色带亮片的软陶捏成图1这样有流淌感觉的泥片。
2.然后粘贴在基础面包圈上，中间用球形工具压出孔。
3-6.将白色、黄色和深粉色软陶搓成细条，然后用刀片切断，不规则地粘贴在粉色糖霜的位置，浅粉色的甜甜圈就做好了。

深粉色甜甜圈与配件

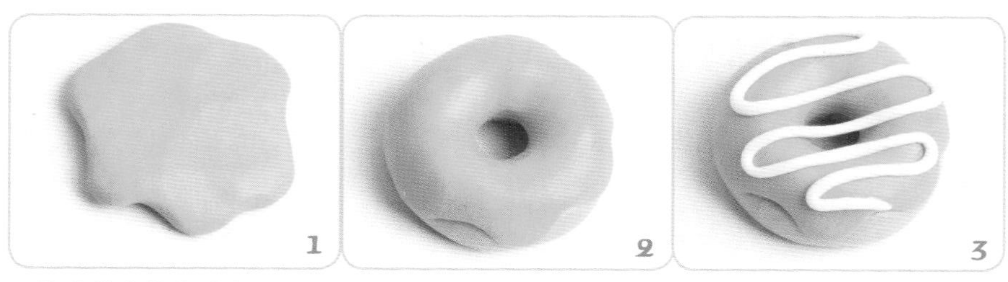

1.将深粉色软陶捏成如图所示形状。
2.然后将其粘贴在基础面包圈上。
3.再把白色软陶揉成细泥条，然后盘绕在表面效果如图3所示。深粉色甜甜圈就制作完成了。

1-2.将9字针钳短，然后插入做好的甜甜圈上备用。

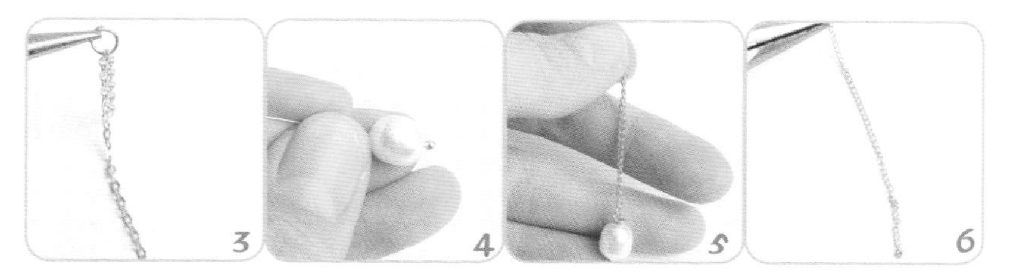

3-6.将金属链条如图3连接，再准备长短不一的2根链条，分别用于连接浅粉色和深粉色的甜甜圈，然后用球形针串联珍珠和链条，再制作两个珍珠链条。按照图6中所示再准备2根长短不一的链条做装饰条。

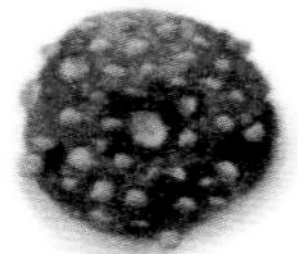
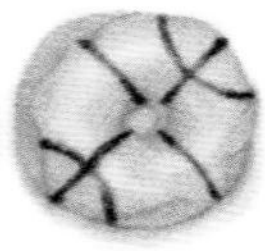
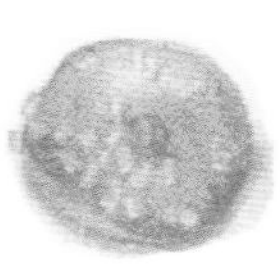
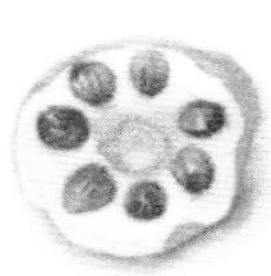
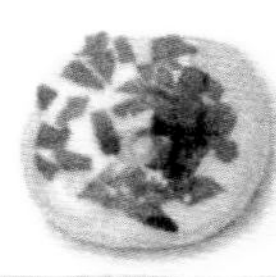

组装部分

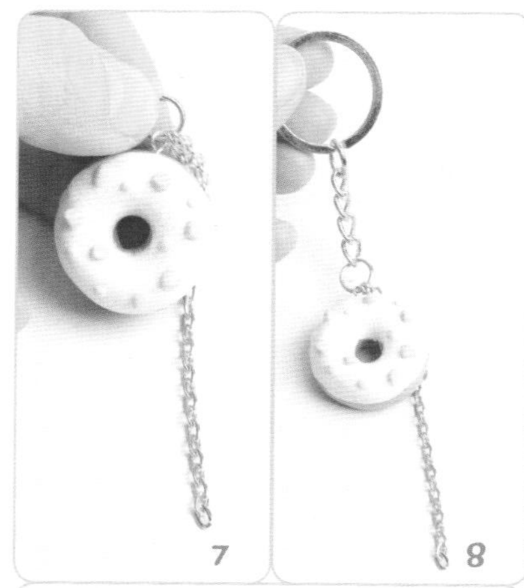

7-8.用连接环将链条和白色甜甜圈连接起来。将白色的甜甜圈和钥匙环的最近一端连接。

9.然后依次是浅粉色的甜甜圈和深粉色的甜甜圈。浅粉色用较短的链条，深粉色用较长的链条，这样可以将三个甜甜圈区分成不同的层次。

10.接下来将两个珍珠链条和另外两个装饰链条穿插地连接在主体链条上。放入烤箱烤制，晾凉后上亮光油。美丽的甜甜圈就制作好了。

不好意思，
一直发呆。
可是好想
吃怎么办？

100℃烤制10分钟即可。

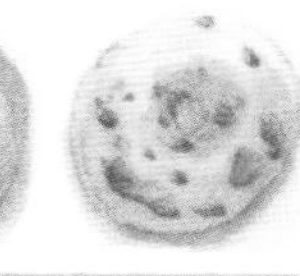
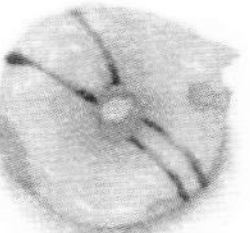

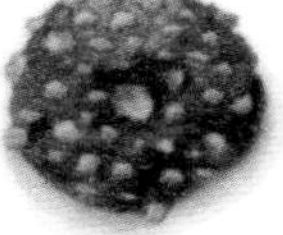
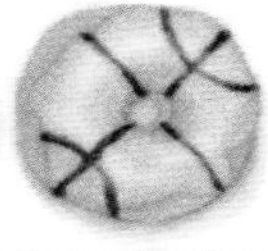
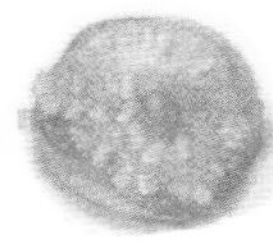

Month | Monday | Tuesday | Wednesday

1 2 3 4
5 6 7 8
9 10 11 12

麻辣小勇士 P44

——麻辣小龙虾耳环

小喵也吃点菜吧

——可爱菜花耳钉

P46

找个都爱吃的

——搞怪鱼头泡饼戒指

P48

满身味道也要吃

——火锅摆件 P52

Thursday 四	Friday 五	Saturday 六	Sunday 日

P58 偶遇山珍

——甜糯烤红薯摆件

P62 贝类的魅力

——烤毛蛤蜊耳环

妈妈的拿手菜

——葱拌八带项链

P64

“罪恶”的夜宵

P68 ——长沙臭豆腐摆件

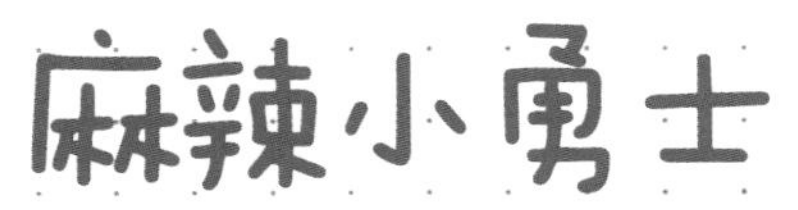

麻辣小勇士

——麻辣小龙虾耳环

7 MONTH 2 DAY

十三香小龙虾！
美味不可挡！

大家好！我是那个和小龙虾有一段解不开的恩怨的猴子酱，事情是这样的，猴子酱很久以前去早市买了鲜活的小龙虾，准备晚上享用，结果晚上回到家发现在水池里的小龙虾都不见了，原来小龙虾集体越狱，屋子的犄角旮旯到处都是，就在猴子酱和小喵联合围堵的过程中，一只勇猛的小龙虾硬是夹住了猴子酱的手指不放，疼得猴子酱眼泪都流出来了，后来猴子酱就变成了麻辣小勇士，只要到可以吃到小龙虾的季节，就一定要大吃特吃一番。其实不是什么记仇了，是根本抵抗不了美味的诱惑，嘻嘻！

准备工作：

1.红色、橘红色软陶 2. DIY耳环勾

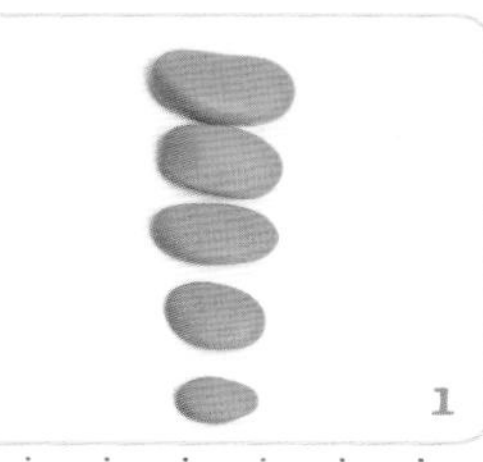

1.将红色软陶分别捏成如图大小递减的泥片。

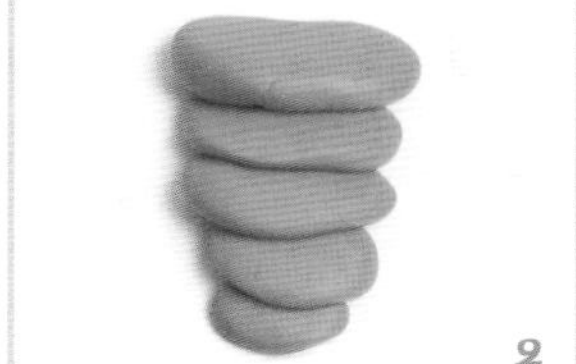

2.然后将泥片按照大小顺序一片压着一片组合在一起，效果如图。

3.将组合好的泥片向内弯曲。

4.用三片水滴形的软陶制作尾巴。形状和大小比例如图。

5.将最小的一片叠放到两片大水滴泥片的下面，整体形成扇面形。

6.然后用橘红色的软陶捏成略小的水滴分别粘贴在两片大水滴的上方。

7.将制作好的尾巴与身体连接在一起。

8.然后将整个身体向内卷起。效果如图，尾巴留在外面。

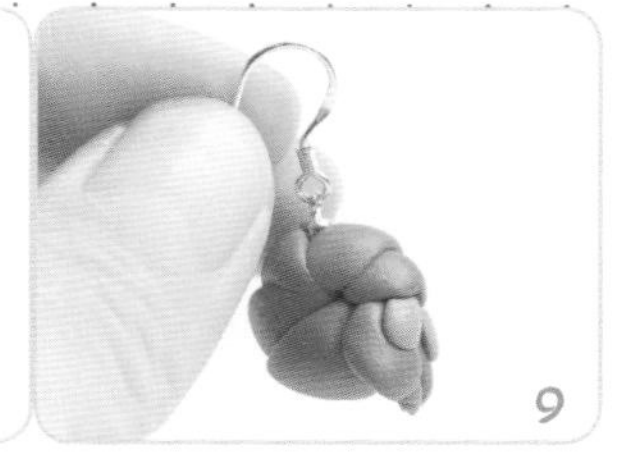

9.最后将DIY耳环钩的连接端插入小龙虾身体，放入烤箱烤制晾凉以后涂上亮光油。可爱的麻辣小龙虾耳环就制作完成了。

Point

100℃烤制10分钟即可。

小喵也吃点菜吧——可爱菜花耳钉

“来来来！小喵吃点菜，不吃菜怎么能营养均衡呢？”有时候猴子酱就是嫉妒那些怎么吃都不长肉的人，尤其是非常爱吃肉但是依然很瘦的那一种最可气，总感觉大家不是一个系的，就好像牛就算吃草一样长得魁梧，猎豹只吃肉却身材妖娆一般。看着小喵这种肉食动物就忍不住逗逗它，今天吃了美味的菜花，虽然这道菜小喵不爱用，但是我们依然可以将它作为可爱的耳环，就这样开始吧。

准备工作：

1.绿色、奶油色软陶 2.DIY耳钉

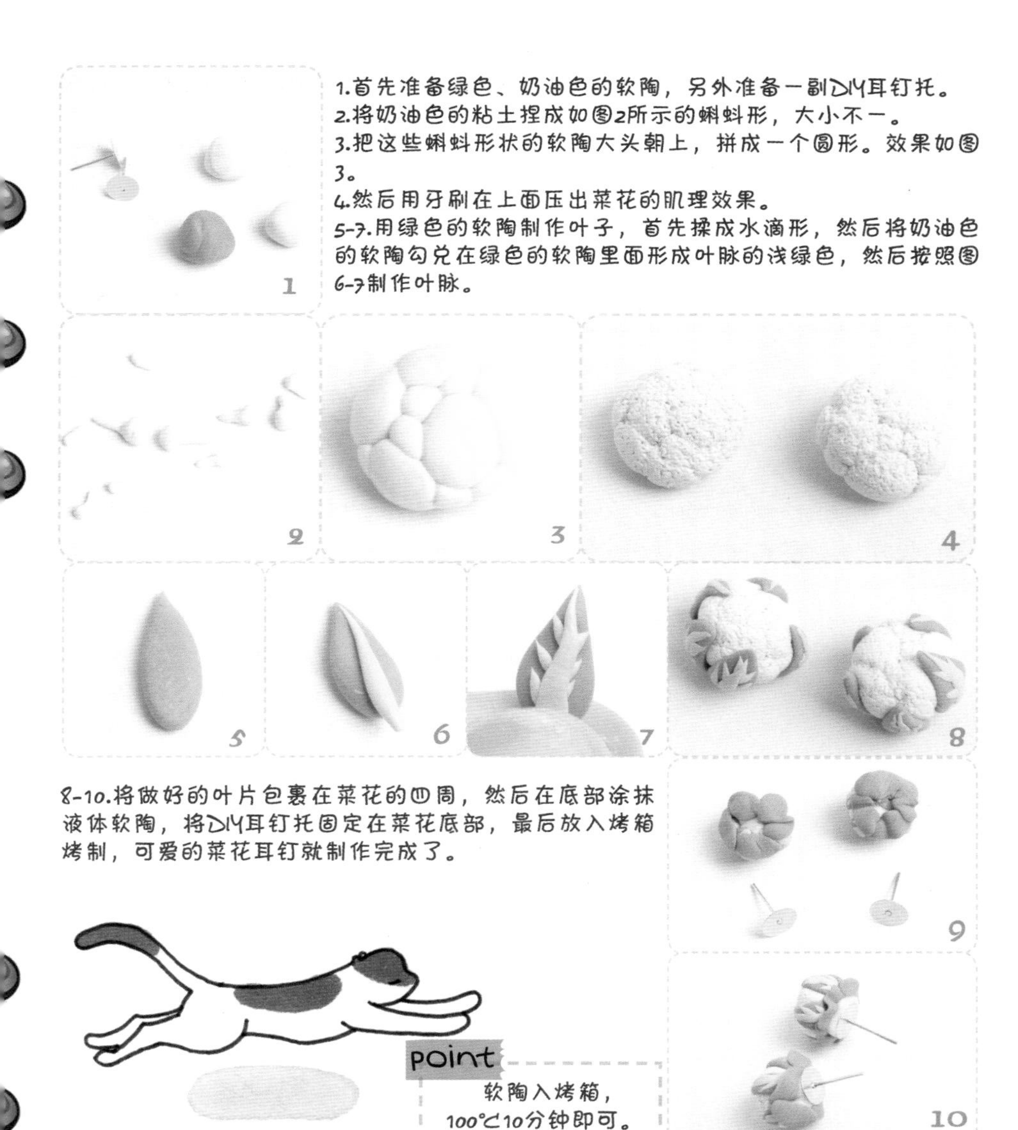

1.首先准备绿色、奶油色的软陶，另外准备一副DIY耳钉托。
2.将奶油色的粘土捏成如图2所示的蝌蚪形，大小不一。
3.把这些蝌蚪形状的软陶大头朝上，拼成一个圆形。效果如图3。
4.然后用牙刷在上面压出菜花的肌理效果。
5-7.用绿色的软陶制作叶子，首先揉成水滴形，然后将奶油色的软陶勾兑在绿色的软陶里面形成叶脉的浅绿色，然后按照图6-7制作叶脉。

8-10.将做好的叶片包裹在菜花的四周，然后在底部涂抹液体软陶，将DIY耳钉托固定在菜花底部，最后放入烤箱烤制，可爱的菜花耳钉就制作完成了。

point

软陶入烤箱，
100℃10分钟即可。

7 MONTH 9 DAY 找个都爱吃的

——搞怪鱼头泡饼戒指

自从上次逗小喵吃菜花，它好几天都不理我，真是只傲娇的小猫。好吧，那就找点咱们两个都爱吃的。选来选去，吃了鱼头泡饼。嗯，两个人都满意了，吃饱了就睡，多惬意的事情呀，不过要先做完这个搞怪的戒指今天才能收工呀！喜欢这种搞怪首饰的不妨一起制作吧。

自家做的好吃又实惠的鱼头泡饼，每次都吃到撑。

准备工作：

1.米黄色、红色、白色、绿色软陶
2.DIY戒指托

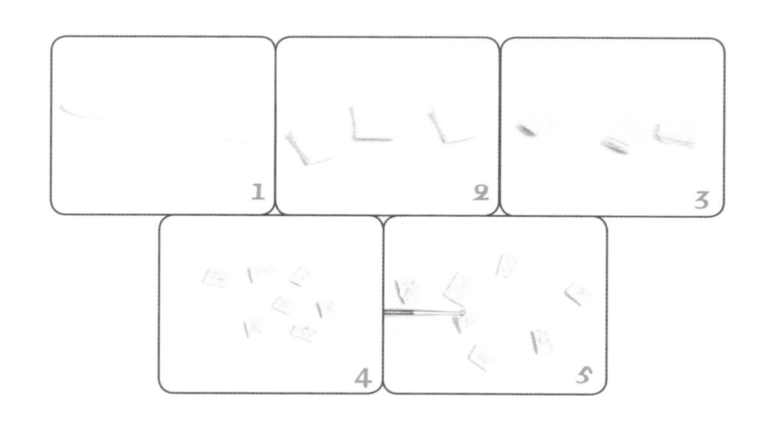

1.把米黄色的软陶揉成长条，压成扁片。

2.用刀片将软陶切成方块。

3.然后将方块叠加形成饼的基础形。

4.再用色粉给其上色，用橘红色和棕色的色粉制作出饼烤熟的效果。

5.然后用七本针压出坑洼的效果。

point

制作面食的基础色基本上都是这样的米黄色，无论是面包还是披萨或者今天制作的烙饼，白、黄、棕颜色合成基本是3:0.5:0.1的比例。但是根据粘土品牌不同比例略有差异。

1.准备一款底托相对大的DIY戒指托。

2.准备一块能够铺满底托的棕色软陶。

3.然后将软陶粘贴在底托上。

4.将制作好的烙饼沿着戒指托的外延粘贴，粘贴的规律是一个叠加在另外一个上面的形式。

5.然后用红色软陶制作辣椒的效果，再将做好的辣椒固定在烙饼圈的内侧。

6.再接下来用绿色的软陶制作香菜梗，把制作好的香菜梗粘贴在辣椒的空隙位置，然后放入烤箱烤制。

point

软陶入烤箱，
100℃10分钟即可。

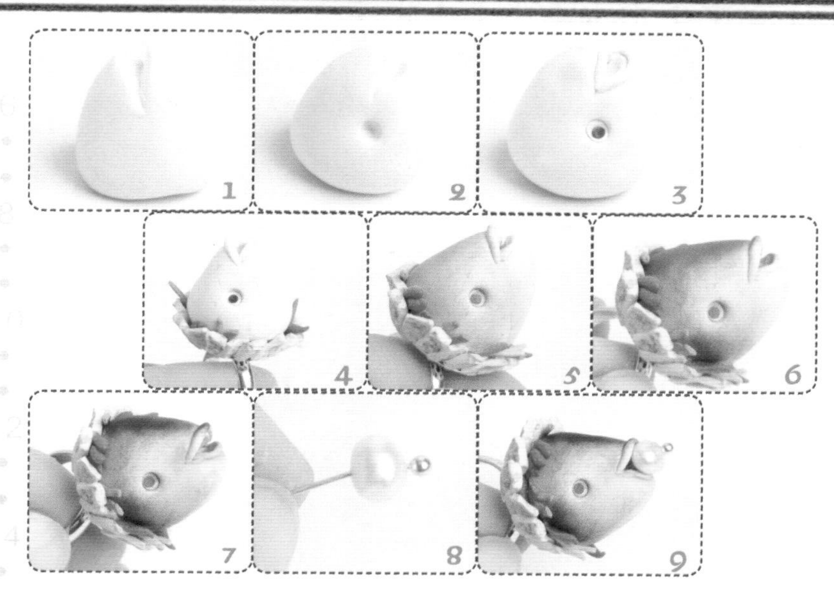

1-3.用白色的软陶捏出鱼头的形状，首先是捏成一个馒头的形状，然后用刀形工具在尖的一头压出嘴巴，再用细节针在嘴巴延伸的两侧压出眼睛来。然后用黑色的粘土制作眼睛，再把白色的粘土揉成2根细条，将细条围在刚才压出的鱼嘴的四周，形成鱼唇的效果。

4-7.将鱼头底部涂上液体软陶，固定在戒指底托上，开始用色粉上色。首先是灰色和米黄色的底色，然后是深灰色上鱼头顶部和两腮。最后用黑色上顶部的重色，鱼嘴唇的部分用一些粉红色。

8-9.用球形针贯穿珍珠，将尖端插入鱼嘴，放入烤箱，搞怪鱼头泡饼戒指就制作完成了。嘻嘻，好玩吗？

吃饱了！
睡会儿。

point

软陶入烤箱，
100℃10分钟即可。

满身味道也要吃——火锅摆件

嘿嘿，我就是那个就算吃了会满身味道也不会拒绝的猴子酱，好吃的火锅吃完后衣服和头发都会吸上满满的味道，这个时候小喵就绝对不靠近我，总是一脸嫌弃，今天又想吃火锅了怎么办，来，小喵举手表决一下！

首都机场附近回民营的铜锅涮肉虽然远，装修也没那么豪华，但是味道没得说。

嗯，
我同意！

准备工作：

1.金色、红色、白色、绿色、棕色、橘黄色、黑色、黄色软陶
2.滴胶

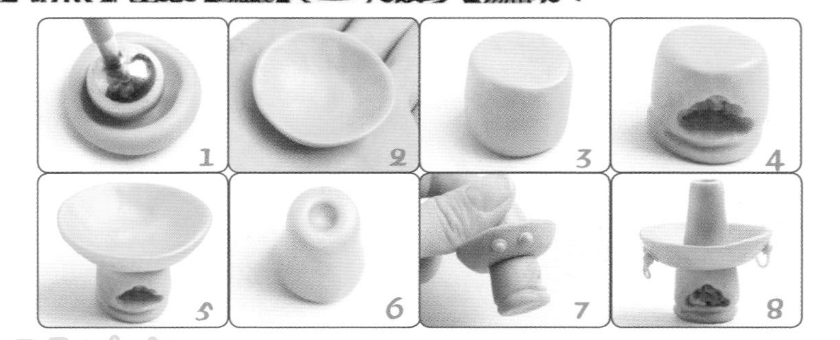

铜锅的制作

1-8.用金色的粘土制作铜锅，首先将软陶用球形工具压成扁圆形。然后整理成薄一些的锅边，效果参照图2。再制作铜锅烧炭的部分。首先制作成圆柱形。然后用刀形工具在底部一圈压出装饰线，再用球形工具在中下部挖出图4的效果，将铜锅的两部分组合在一起，再制作烟囱的部分。在长圆柱的顶端压出圆形凹槽，然后制作铜锅的把手，最后在挖好放碳的地方放入红色和橘红色软陶混合的泥块，仿制炭火燃烧的效果。

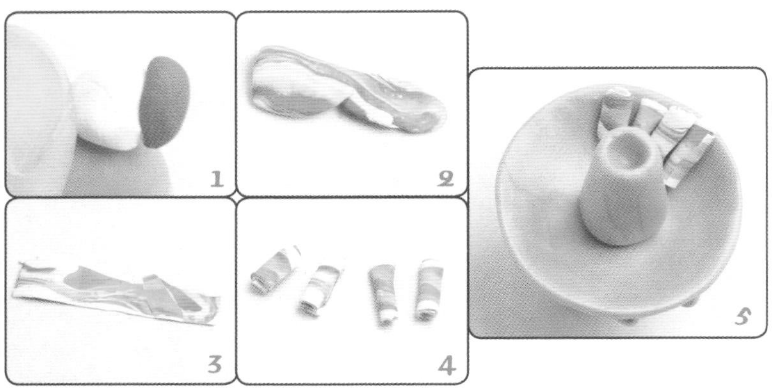

羊肉卷的制作

1.羊肉卷用白色和红色的软陶制作，先将两个颜色的软陶如图准备好。
2.然后将两种颜色不充分地调和。形成图2颜色效果。
3.然后用擀泥棒将粘土擀成泥片。
4.再用刀片将泥片切割成小段卷起来。
5.将做好的羊肉卷放入做好的铜锅中。

金针菇的制作

1.用白色的软陶兑上微量的棕色软陶，制作金针菇的基色。
2.将软陶揉成小球，用细节针压出凹槽。
3.然后揉出细小的金针菇的梗。
4.将金针菇的梗插入细节针压出的凹槽。然后将做好的多个单支金针菇捏成一束。
5.将做好的金针菇排列在铜锅中。

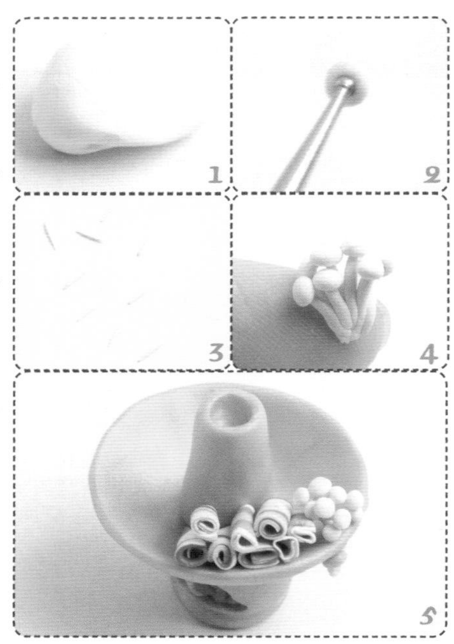

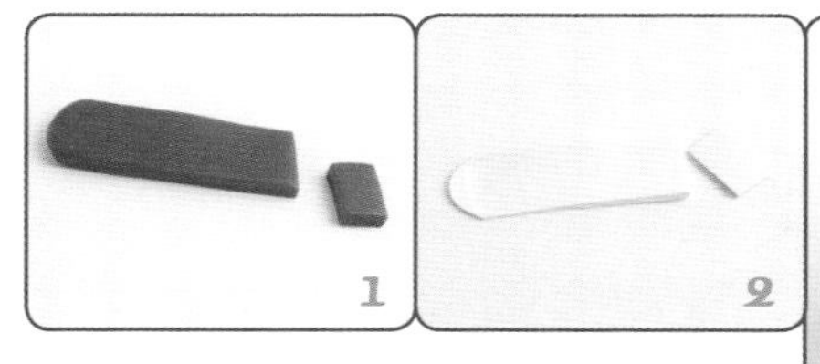

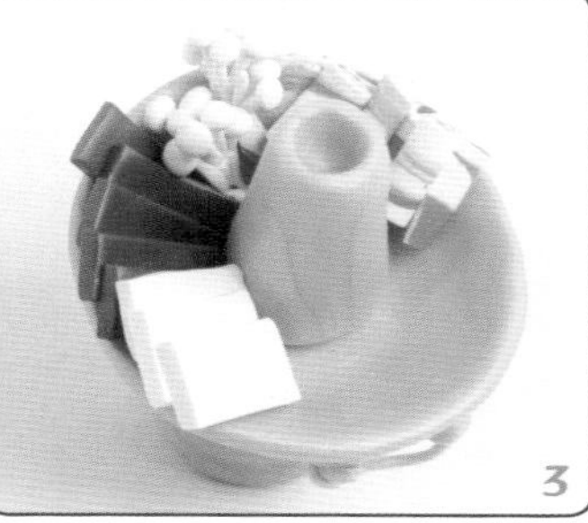

红白豆腐的制作

1.棕色软陶用压泥板压成长方形的扁条。然后用刀片工具切成长方形，血豆腐就制作完成了。

2.白色软陶用压泥板压成长方形的扁条。然后用刀片工具切成长方形，白豆腐就完成了。

3.将制作好的红白豆腐如图放入铜锅中。

生菜鱼豆腐的制作

1.将米黄色的软陶和绿色的软陶不充分地混色。

2.然后用圆柱形的工具辅助将软陶折叠成如图形状，作为生菜的造型。

3.黄色的软陶添加少量的棕色软陶调制成鱼豆腐的颜色，然后捏成小方块。

4.用牙刷在上面压出肌理。

5.将生菜叶先放入铜锅中，然后放入鱼豆腐，用色粉给鱼豆腐的边缘上橘红色，以使鱼豆腐显得更有颜色层次。

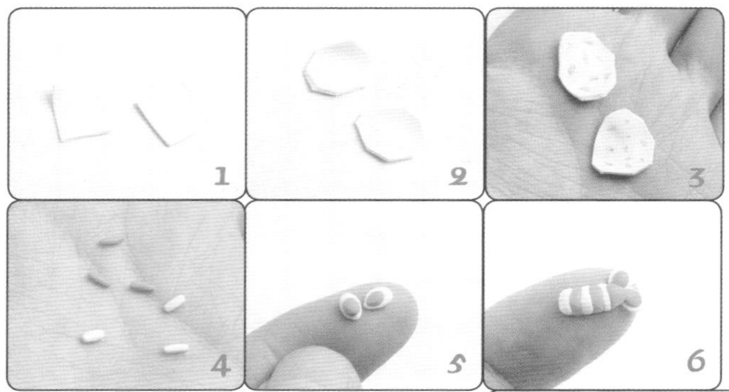

芋头片和大虾的制作

1.首先将奶油色的软陶擀成扁片。
2.然后捏成削过的样子。
3.再用米黄色的软陶碎屑，粘贴在上面并压平，作为芋头片内部的肌理效果。
4.将白色的软陶和橘红色的软陶揉成细小的圆柱体制作大虾的身体用。
5.尾巴是在白色的水滴形软陶上添加橘红色的水滴形软陶。
6.将白色和橘红色的圆柱体软陶相间地排列，然后粘贴上尾巴。大虾就制作好了。
7.将制作好的芋头片和大虾放入铜锅。

Point

大虾的教程第30页有更加详细的讲解，小伙伴们可以翻到那一页参考。

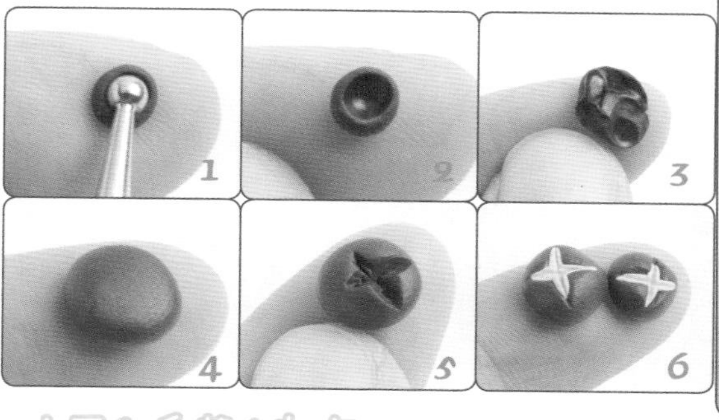

木耳和香菇的制作

1.木耳用棕色软陶的加黑色软陶，揉成圆球，然后用细节针压出圆形的凹槽。
2.凹槽的效果如图。
3.再用更细的细节针将凹槽四周的边缘接着压出形状不等的凹槽，最终效果如图3。
4-7.香菇是把棕色的软陶揉成椭圆形，然后压出十字槽，用米黄色的软陶填充，再压出一次十字槽。将香菇放入铜锅，然后将做好的火锅整体放入烤箱烤制。

烤制结束晾凉倒入滴胶，等待透明化，美味的火锅就制作完成了。

point

软陶入烤箱，
100℃20分钟即可。

偶遇山珍

——甜糯烤红薯摆件

以前猴子酱还在上学的时候，每到暑假就会替父母接待一些亲戚朋友，四处带他们去景点观光并讲解，简直就是专业地陪啊。地陪做久了也是很厌烦的一件事，不过有一次也是因为陪亲戚爬山，发现了一个在山路上卖烤红薯的小摊，那红薯的美味至今难忘，甜到心里去了，所以这次关于美食故事的制作一定不能省略它。今天就来做个烤红薯的小摆件，追忆一下当时的美味。

准备工作：

1.棕黄色、紫红色、米黄色、橘红色、黄色、棕色软陶
2.色粉
3.亮光油

1

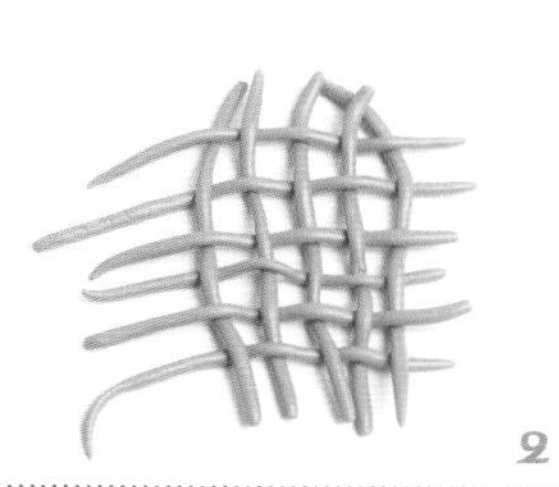
2

藤条浅筐的制作

1.首先将棕黄色的软陶揉成12根细条。

2.然后按照图2所示的方法编织起来（猴子酱的编织方式完全是自己想出来的，大家如果精通另外的编织方法完全可以挑战一下）。

3.再将剩余在外面的软陶卷曲起来形成浅筐的外延。

4.为了烤制的时候不至于变形，在筐的中间塞上纸巾团作为形体的固定。放入烤箱烤制。

5.这样烤制完成，筐内还能保持弧形。

3

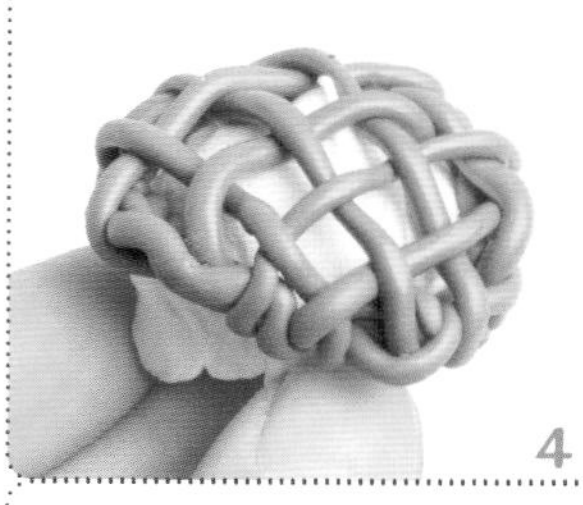
4

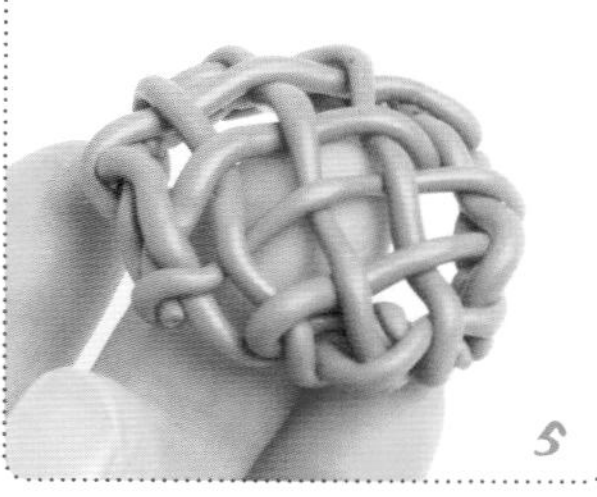
5

山里的红薯，真好吃！

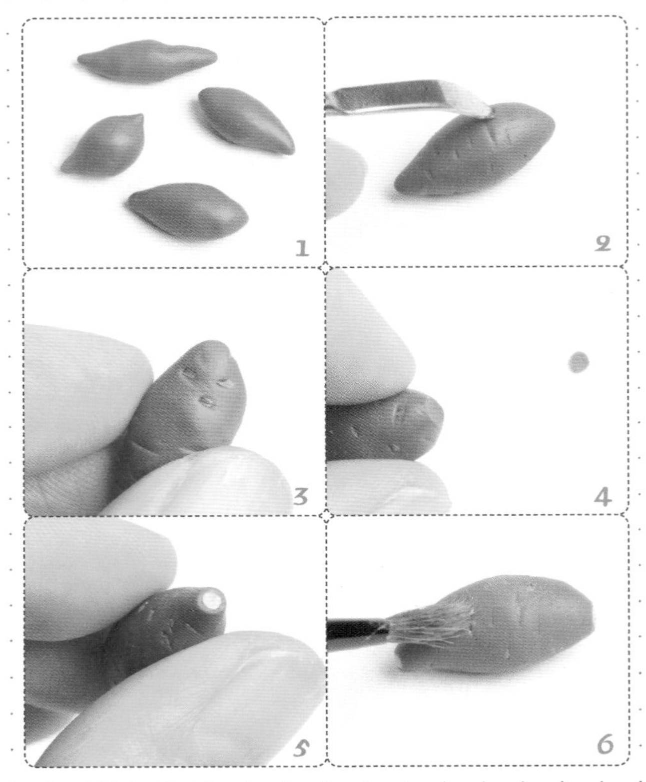

生红薯的制作

1.首先将紫红色的软陶揉成如图所示大小形状各异的红薯，虽然形状不太一样，但是都遵照了中间粗两边细的基本规律。
2.用工具在红薯的表面压凹槽。
3.在凹槽中填充浅棕色的粘土制作清洗过后留下疤的效果。
4.用刀片将红薯的两端尖部切掉。
5.用米黄色的粘土填充在削开的部分。制作红薯被清洗并切掉根须的效果。
6.在红薯的表面刷一些浅棕色的色粉，让红薯显得更加自然。

point

这里我们制作的红薯形态各异，为的是让他们摆放在一起更加地自然，如果大小形状都一样，看上去很死板，也不符合真实情况。

point

软陶入烤箱，100℃10分钟即可。

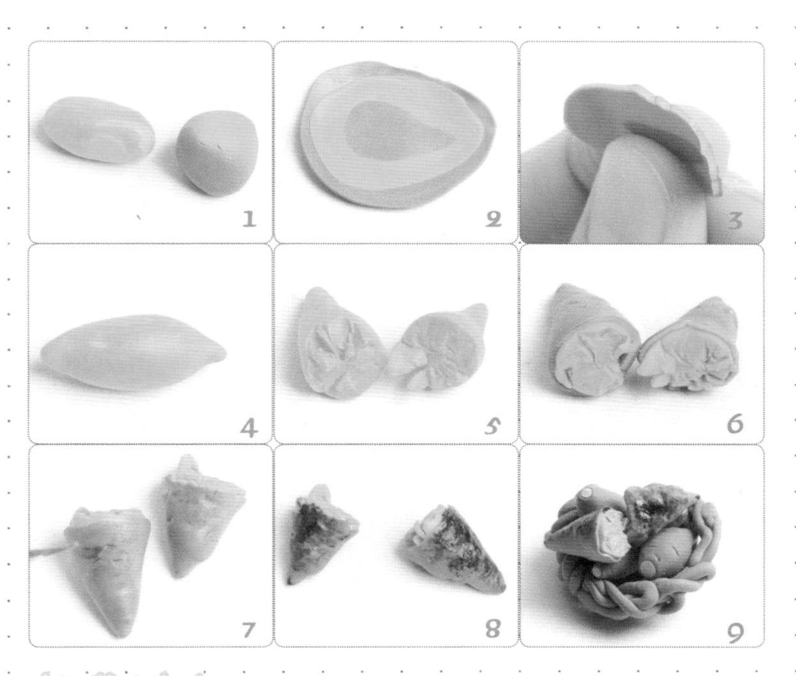

烤红薯的制作

1.橘黄色添加黄色的软陶不完全调和，用来制作烤熟的红薯瓤。然后准备棕黄色的软陶制作红薯皮。

2.取出一部分做瓤的粘土和做红薯皮的粘土压成如图所示的同心圆。

3.然后将外圈切割成略带锯齿的形状。

4.将内部的瓤揉成红薯的形状。

5.然后掰开，掰的时候要有些技巧，利用刀片工具将粘土掰成如图所示的参差不齐的感觉。

6.接着将做好的烤红薯皮包裹在做好的瓤上。

7-8.接下来用水彩颜料给烤红薯上色。最后在外侧涂上亮光油制作糖烤出来的效果。

9.最后摆好造型放入烤箱烤制。

自制烤蛤蜊，猴子酱比较喜欢吃原汁原味的，于是就只放色拉油，然后等彻底张开嘴后撒上一点盐，绝对新鲜。

Let's go! 7 MONTH 17 DAY

贝类的魅力

——烤毛蛤蜊耳环

海边长大的孩子你们赶过海吧？捡蛤蜊、捡海星、捡海蜇，捡大海赠予的美味实在是件快乐的事情。今天猴子酱和小喵起大早赶海收获颇丰，回来做个海鲜BBQ怎么样？猴子酱特别爱吃烤毛蛤蜊，送个烤毛蛤蜊的耳环给没吃过这种美味的你。嘻嘻！

准备工作：

1.白色软陶 2.DIY金属配件 3.珍珠 4.水粉颜料

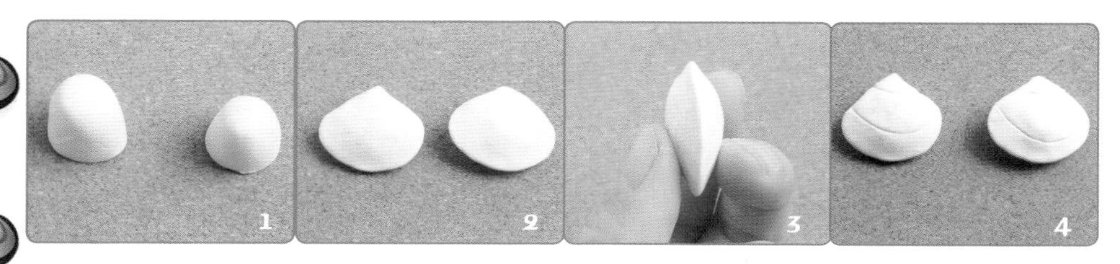

1.白色的软陶分成两份。
2.然后将软陶捏成如图所示的蛤蜊的形状。
3.侧面效果。
4.用刀形工具在毛蛤蜊表面切出两道弧形。

5.再用刀形工具顺着切出毛蛤蜊的肌理。
6.用刀片沿着毛蛤蜊的闭合处压出凹槽。
7.再准备9字针。将珍珠用9字针固定在毛蛤蜊的尖端。

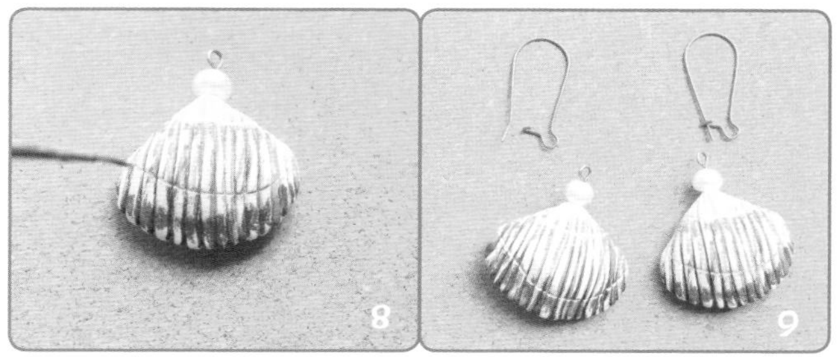

8.用深棕色的水彩颜料给毛蛤蜊上色。注意越靠近蛤蜊开口的部分颜色越深。
9.最后将做好的毛蛤蜊耳坠和DIY耳钩连接在一起，放入烤箱。具有海滨风情的烤毛蛤蜊耳环就制作完成了。

point

软陶入烤箱，
100℃10分钟即可。

7 MONTH 21 DAY 妈妈的拿手菜——葱拌八带项链

妈妈的拿手菜葱拌八带

大家好！我是正在看好戏的猴子酱，小喵正在和买来的活章鱼打架，这个战争是以章鱼君压倒性胜利结束的。但是后来章鱼被老妈做成了她的拿手菜“葱拌八带”。是不是有点螳螂捕蝉黄雀在后的意思？虽然很对不起这只章鱼，不过真的好好吃！那么也不能让这只章鱼白白地牺牲是不是？将这道美味做成项链和大家一起分享。

准备工作：

1.绿色带金点、白色带金点、白色、红色、粉色软陶
2.DIY金属链

大葱的制作

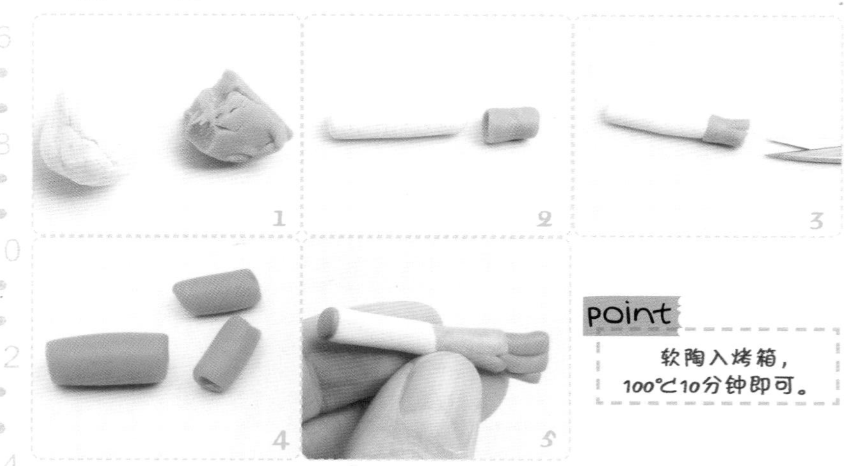

point

软陶入烤箱，100℃10分钟即可。

1.用带金点的绿色和白色软陶制作大葱。
2.将白色的软陶揉成圆柱形，绿色的软陶揉成短的圆柱形，然后再在一端用球形工具压出凹槽。
3.将白色的软陶插入绿色软陶的凹槽。用剪刀在绿色的软陶部分剪开。
4.用深绿色的软陶制作大葱的叶子，揉成如图所示的3段，然后用细节针压出凹槽。
5.将葱叶的部分插入预留的凹槽中，在顶端用棕色的软陶做一个圆片作为大葱根部的横截面。大葱需要提前烤制成型。

章鱼的制作

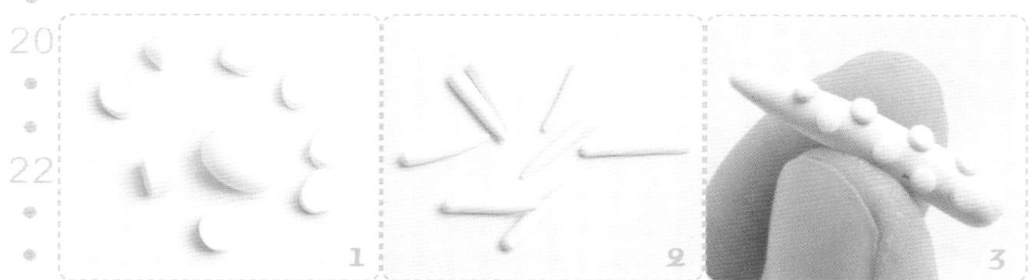

1.将白色的软陶如图分配，中间是章鱼的肚子，然后分出大小相同的8份粘土。
2.将8份粘土揉搓成细条。
3.然后在上面如图所示粘贴上小圆点准备制作吸盘。

4.用细节针在预留的小圆球上压出凹槽，触手的吸盘就制作好了。
5.然后把白色软陶揉成椭圆形作为章鱼头部，在底部用球形工具压出凹槽。
6.将8只触手插入头部底下的凹槽。
7.将章鱼的触手弯曲抱住提前烤制好的大葱。造型如图所示。
8.侧面效果。
9.另外一个侧面效果。

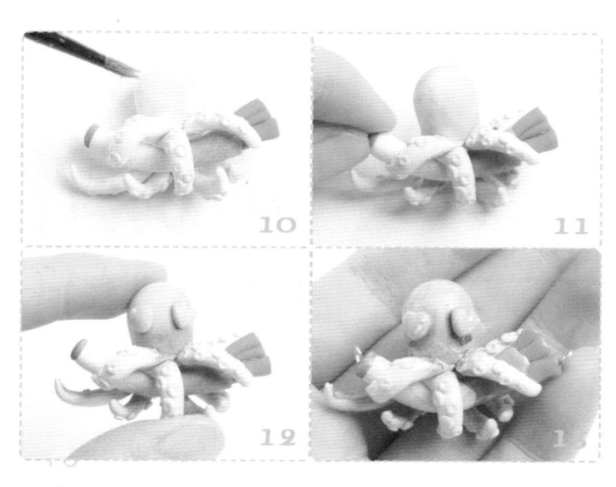

10.用淡粉色的色粉笔给章鱼上基础色。
11.然后在头顶和触手的附近加深。
12.用粉红色的软陶制作心形的眼睛。
13.用红色的软陶制作红脸蛋的效果，将软陶揉成小细条，然后分成6小段，每一侧粘贴3段。然后用9字针插在大葱的两侧放入烤箱烤制待用。

point

软陶入烤箱，
100℃20分钟即可。

配件组装

1.按照图1准备DIY金属配件，其中为了让项链显得更有变化，用了两种不同花纹的金属链条。
2.将金属链条和章鱼吊坠连接起来。有趣的“葱拌八带”项链就制作完成了。

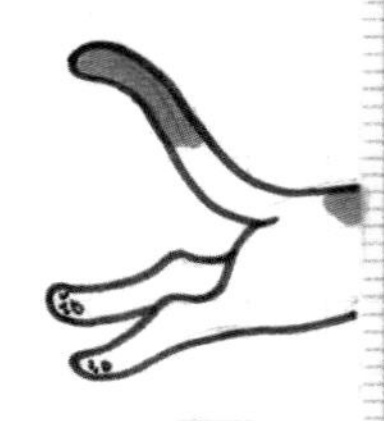

7 MONTH 27 DAY “罪恶”的夜宵

——长沙臭豆腐摆件

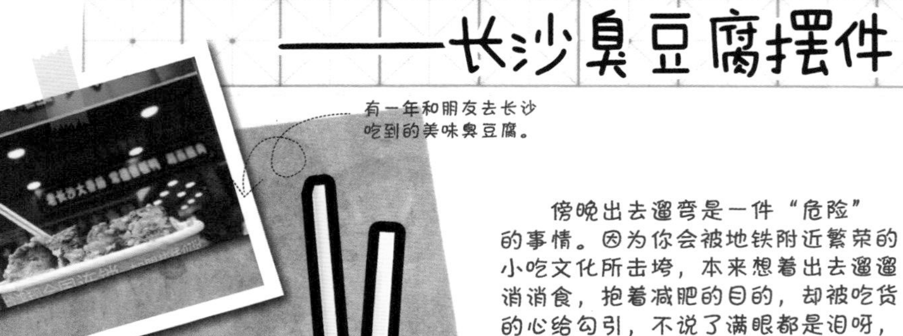

傍晚出去遛弯是一件“危险”的事情。因为你会被地铁附近繁荣的小吃文化所击垮，本来想着出去遛遛消消食，抱着减肥的目的，却被吃货的心给勾引，不说了满眼都是泪呀，没出息的猴子酱最后被臭豆腐给击败了——臭豆腐得5分。

准备工作：

1.黑色、白色、红色、绿色、黄色软陶
2.色粉、滴胶、竹签、纸、水彩

盒子的制作

point

如果大家不会画，或者觉得画起来麻烦，那么可以缩小打印出来。

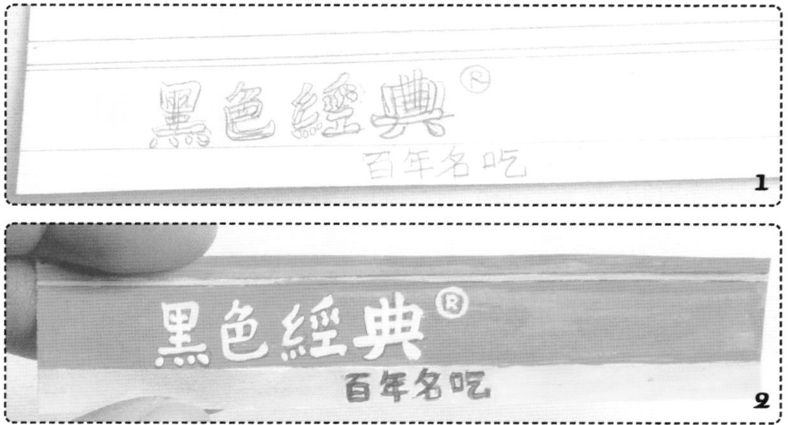

1.制作臭豆腐首先要准备一个容器，然后自制黑色经典的贴纸。先在纸上画上草稿。
2.然后用水彩上色，围在提前准备好的塑料小碗上。

臭豆腐的制作

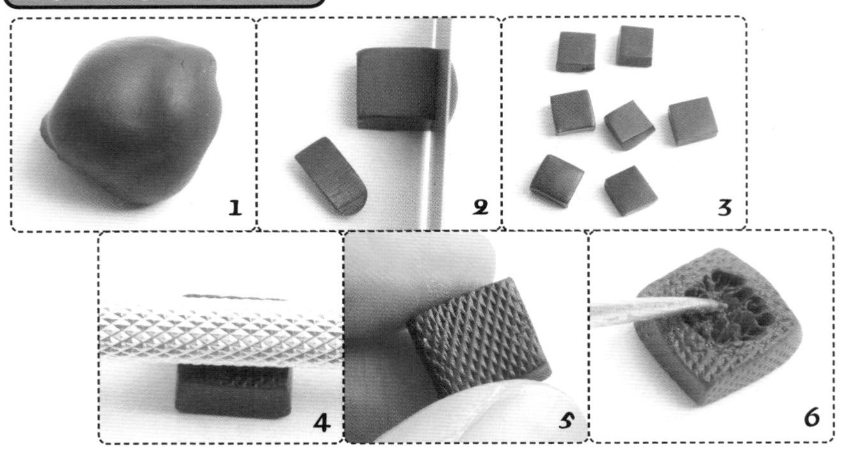

1.臭豆腐用黑色软陶制作。
2-3.将软陶切成方块。
4-5.用七本针柄上自带的花纹在软陶方块上滚压。得到如图的花纹。
6.然后用尖头的工具在中间挖出空洞来。别挖穿了!

配料的制作

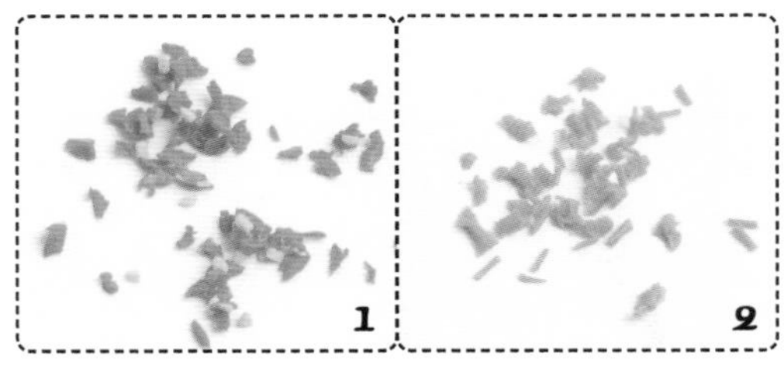

1.将红色和黄色的软陶剪碎，备用做辣椒和辣椒籽的效果。
2.把绿色的软陶揉成细线，然后剪成段备用做香菜。

组合的过程

3

4

5

6

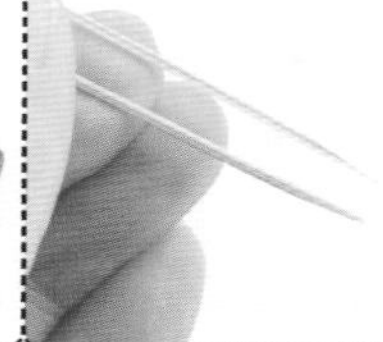
7

8

3-5.将辣椒和香菜添加到事先挖好的凹槽，然后用土黄色的色粉兑上滴胶形成汤汁的效果浇入臭豆腐的开口并与配料混合，最后上面撒一些白色的软陶碎屑，作为大蒜点缀臭豆腐。

6.重复3-5的步骤将其余的臭豆腐和配料组合在一起。放入烤箱。

7.然后用刀子将竹签削成细小的两根。

8.将烤好的臭豆腐都刷上亮光油，然后摆放在制作好的迷你盒子里，插上竹签。黑色经典臭豆腐就完成了。

Yummy Yummy

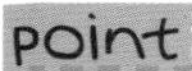

削竹签的时候一定要小心手指，如果制作者年龄太小请家长辅助操作，以免受伤。

软陶入烤箱，100℃10分钟即可。

Month

Monday 一 Tuesday 二 Wednesday 三

1 2 3 4

5 6 7 8

9 10 11 12

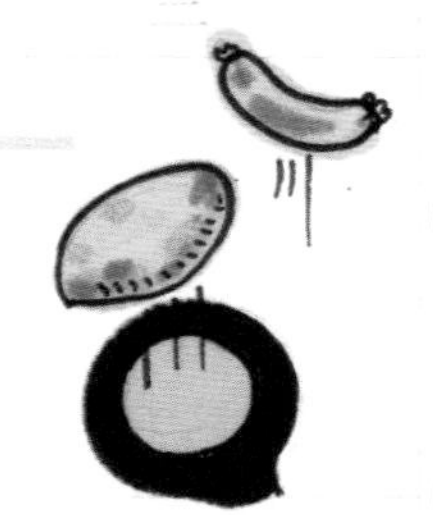

Thursday 四	Friday 五	Saturday 六	Sunday 日

大吃生蚝

P94 ——生蚝君钥匙链

美食都是侦查出来的

P98 ——“三不”章鱼烧钥匙链

P102 小喵被欺负了

——奈良的咖喱面摆件

好吃的

总要留到最后

——蟹道乐胸针

P106

有时候总是一瞬间

犯错

P110 ——河豚耳钉

迷路的意外之喜

P114 ——好吃的串烧冰箱贴

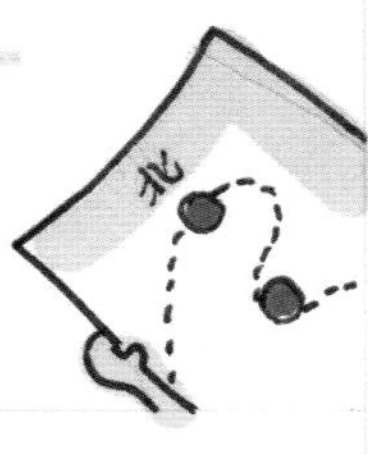

萨瓦迪卡！

——热带水果项链 P118

小厨神上阵

——蛋包饭+德国香肠

蛋包饭算是猴子酱的看家本事了，这里请允许在下自大一下啊！哈哈，猴子酱最喜欢蛋包饭搭配德国白肠，先将白肠煮熟，然后上煎锅两面煎至金黄，嗯~那味道，不说了，口水都流出来了。

准备工作：

1.黄色、红色、浅棕黄色软陶
2.DIY金属配件
3.色粉、亮光油

蛋包饭的制作

1.随便准备一块软陶制作蛋包饭的内芯。将粘土揉成图1形状。
2.然后再将粘土揉成米饭粒的形状。
3.将做好的饭粒形状的粘土粘贴在内芯上。
4.再用牙刷按压出肌理。

5.将黄色的软陶擀成扁片，用刀片修整成圆形。
6.然后将做好的内芯放到中间偏下的位置。
7.将黄色的鸡蛋饼皮的部分包裹住内芯，四周压实。
8.然后再用大毛刷在表面压出肌理，这时候就能透出来之前做的米粒的凹痕。显得更加自然逼真。

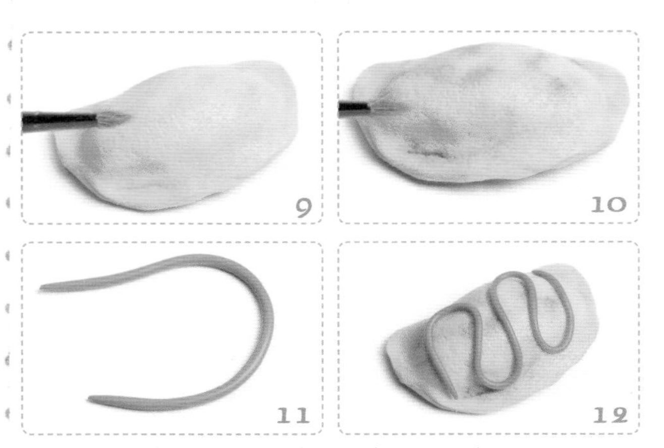

9-10.用橘黄色和棕色给蛋包饭上色，画出煎制的效果。
11-12.把红色的软陶揉成细条，然后盘绕到蛋包饭上。蛋包饭就制作完成了。

德国白肠的制作

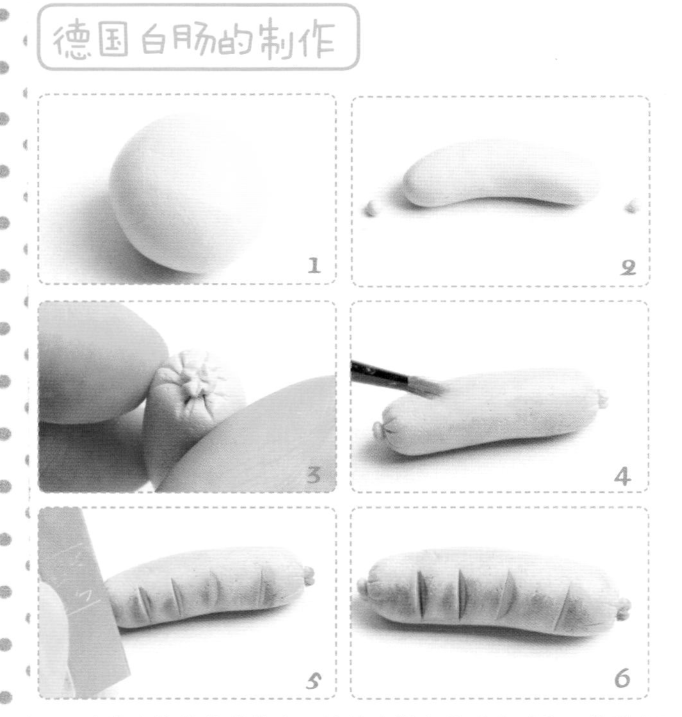

1-3.准备浅棕黄色的粘土，将粘土揉成香肠的形状，然后在两边留出香肠捆扎的部分。用刀形工具在两端压出放射性凹槽，然后粘贴一小块粘土作为香肠的接头处效果。
4-6.用橘红色和棕色给香肠上色，然后用刀片在香肠的一侧做切口，再在切口的位置也上色，制作出煎烤的效果。

配件的组装

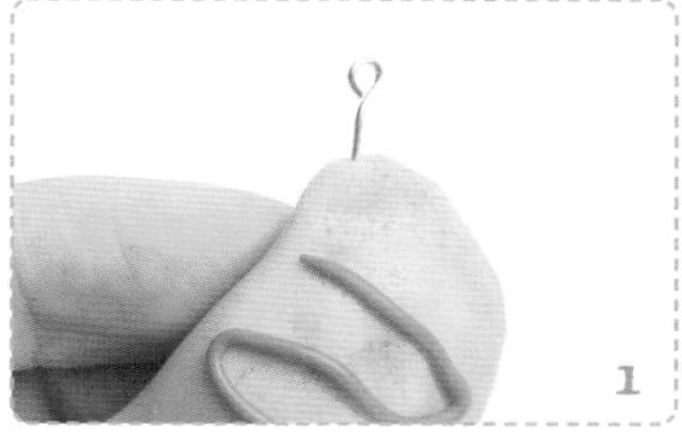

1-2.用9字针插入制作好的蛋包饭和德国白肠的两端。

3.准备DIY钥匙链和圆口连接器。

4.将蛋包饭和德国白肠与钥匙链连接在一起。然后放入烤箱。

point

软陶入烤箱，
100℃10分钟即可。

应某位乐高爱好者的要求在蛋包饭上用番茄酱写的“LEGO”字样。

10 MONTH 10 DAY

没得到的总是最好的
——鲷鱼烧项链

我——的——鲷——鱼——烧！小喵你？那个不是真的鱼！不是鱼呀！

就这样，猴子酱失去了她买到的第一份鲷鱼烧，后来，就没有后来了。总之没吃成。老规矩，没吃到的东西和最喜欢吃的东西统统做成粘土，让它成为美好的回忆吧。呜呜呜！宝宝心里难受！

准备工作：

1.浅黄色、棕色软陶 2.DIY金属配件 3.珍珠 4.色粉 5.亮光油

Cues

鲷鱼烧的制作

1.首先在硬纸板上画出要做的鲷鱼烧的形状。

2.然后用剪刀剪下来。

3.接下来按照要制作的鲷鱼烧的大小准备浅黄色的软陶。

4.将软陶擀成扁片。然后将纸片放在上面。

5.比着纸片的边缘用刀形工具切割软陶。

6.重复步骤5得到两片鲷鱼烧的软陶扁片。

7.用棕色的软陶制作鲷鱼烧内部的豆沙馅。

8.将另外一片也与馅料黏合在一起。

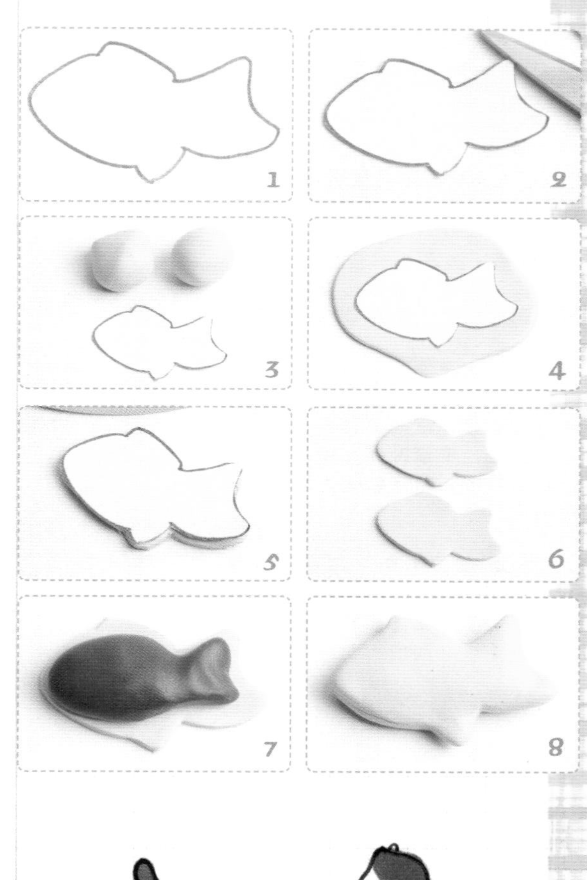

Notes

Summary

point

这里制作了馅料，如果掰开会有流出馅料的特别效果，大家不妨试试。

Cues.

9.用刀形工具划出鱼头鱼尾和鱼鳍的效果。

10-11.用剪开的半个吸管压出鱼鳞的效果。这个步骤需要不断重复，但是请大家耐心制作，这样鱼鳞才工整漂亮。

12.按照1-11的步骤制作另外一个鲷鱼烧，这里需要注意的是另外一个要有镜像的效果，不要做成一顺边，否则就没办法做成猴子酱教给大家的鱼嘴相对的项链了。

13-14.给鲷鱼烧上色。基础色是黄色，然后是橘黄色和深棕色，上色最终效果参照图14，重色不需要上全身，要有重点地制作。

配件的组装

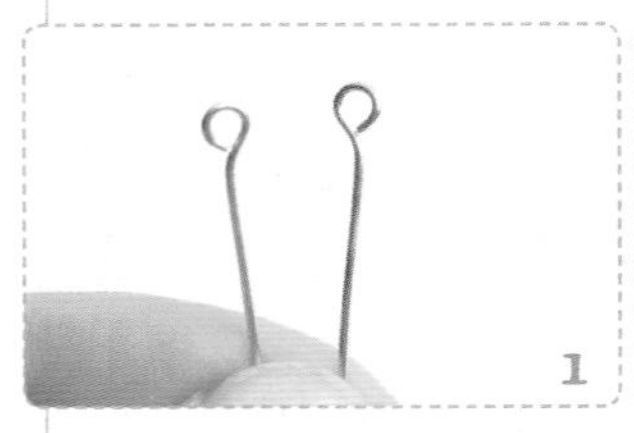

1-2.准备9字针，将9字针穿入鱼嘴的部分。

Summary.

Point

关于上色，前面的章节里，面包、披萨饼等都有详细介绍，不明白的朋友可以翻到前面的章节再了解一下。

3.将3颗珍珠按照图中效果用9字针串起来。
4.再用做好的珍珠饰品把两条鱼连接起来。
5-6.用小号的珍珠做鱼尾与项链之间的连接。制作好的效果如图6所示。
7-8.最后将做好的鲷鱼烧项链坠与金属链条连接起来，华丽的鲷鱼烧颈链就做好了。别忘了放入烤箱定型哦！

point

软陶入烤箱，
100℃10分钟即可。

Summary.

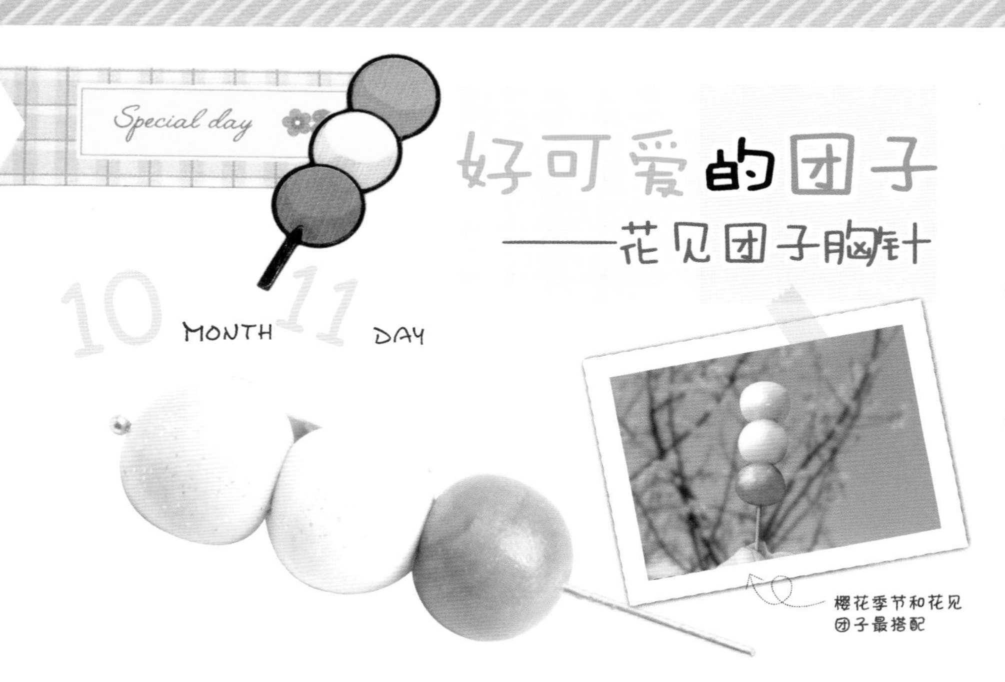

好可爱的团子
——花见团子胸针

樱花季节和花见团子最搭配

咕噜咕噜，大家好，我就是那个走在路上一会儿就饿了，一定要找点吃的才肯继续赶路的猴子酱。没想到同伴带回来了我只有在动画片里才看得到的花见团子。真是好激动呀，不过三下两下吃到肚子里以后猴子酱好像没尝出来到底是个什么味道，只觉得是淡淡的甜味。嗯，变成猪八戒吃人参果了，不行，还要再去买来吃。

准备工作：

1.粉红色、白色、绿色带金点的软陶
2.DIY金属配件

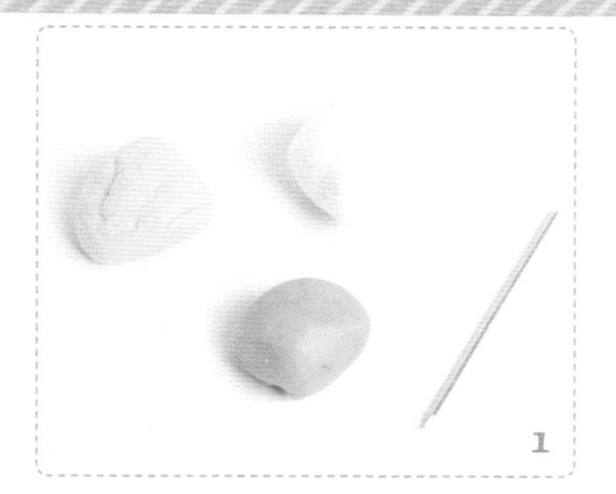

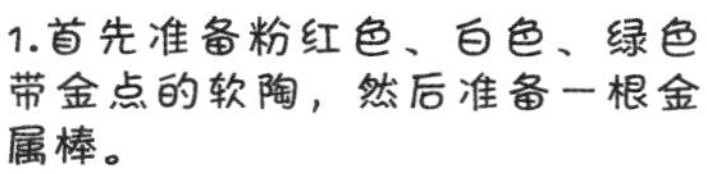

1.首先准备粉红色、白色、绿色带金点的软陶，然后准备一根金属棒。

2.然后将三种颜色的软陶分别揉成球形。

3.接下来将他们按照粉色、白色、绿色的顺序串起来。这里注意金属针不要贯穿，只要插到粉色粘土的一半就可以停住。

4.再将球形针剪短一节，然后在顶端插入。

5.准备DIY胸针。

6.用液体软陶将胸针固定在团子上。然后放入烤箱烤制。

最后晾凉并涂上亮光油，可爱的花见团子胸针就制作完成了。

point

软陶入烤箱，
100℃10分钟即可。

和果子简直就是艺术品

——若樱和果子发卡

3 MONTH 27 DAY

出来旅行的时候就想着要去京都和果子老店逛逛，但是想去的景点实在太多，于是错过了，错过了也不能放过，就算看着图片也要流够了口水，嘿嘿，按照惯例，没吃到的也要做成粘土饰品作纪念。

后来托朋友带回来的干果子

准备工作：

1.粉色、黄色半透明软陶
2.DIY发卡
3.色粉

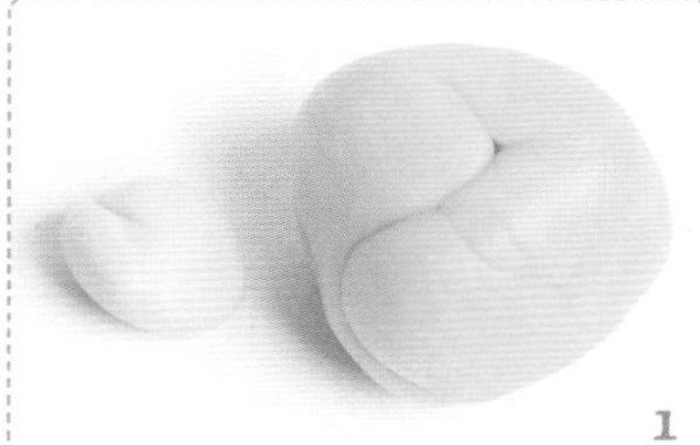

1.准备粉色和黄色半透明软陶。
2.将粉色的软陶揉成扁圆形。
3.接下来用刀形工具在边缘压出凹槽。
4.如图所示等分5份。
5.接下来用球形工具在花的中间压出凹槽。
6.然后用锋利刀片在每个花瓣上画出如图所示形状。
7.再轻轻地用刀片将压好的樱花压痕向上翻起一点。
8.接下来制作花芯。首先将黄色的软陶揉成圆形，然后用刀片将其纵向压出如图效果。
9.然后再横向将整个黄色软陶分隔成小方块。
10.将花芯整理松散，然后粘贴在粉色花中心，再用色粉笔涂上白色的粉。
11.接着用液体软陶固定在DIY发卡上，再放入烤箱烤制，最后涂上亮光油，若樱和果子发卡就制作完成了。

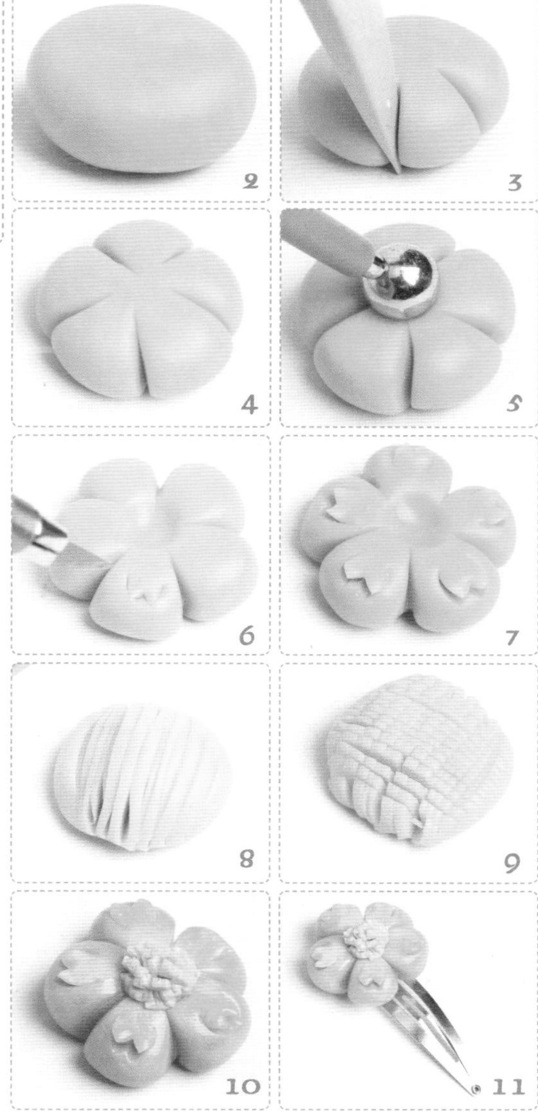

point

软陶入烤箱，
100℃10分钟即可。

金阁寺外面的一个喝茶
的小亭子里卖这种带金
箔的抹茶。
去金阁寺的那天
天气真的很好。
照片也能拍得美
美的。
10 MONTH 14 DAY
no.1007 : fragrance

原来金箔也能用来吃
——花式金箔冰激凌便签夹

爱看动漫和大河剧的猴子酱绝对不会放过去金阁寺这样的地方，仿佛自己也能置身于当时的繁华与风雅中。当猴子酱亲眼看见这座真正堪称金碧辉煌的建筑时，不但没觉得这么多的金色俗气，反而觉得它坐落在水塘边背靠青山，有一种说不出的琼楼金阙的感觉。在鹿苑寺周边的美食竟然也受到了金箔文化的影响，金箔抹茶、金箔冰激凌随处可见，原来金箔也能用来吃，那么今天猴子酱也发挥一下，来一款轻奢花式金箔冰激凌便签夹装饰一下生活。

准备工作：
1.黑色、白色、棕色、浅棕色、红色、橘红色、粉色、黄色软陶和白色粘土
2.DIY塑料杯 3.便签夹 4.金色丙烯、纸巾

奥利奥饼干的制作

1.首先将白色软陶揉成椭圆扁片，然后用牙刷压出肌理。
2-3.将黑色的软陶等分成两个圆球，再压成扁片。
4.用刀形工具在边缘压出花边。
5.然后将做好的两片黑色的饼干与白色的芯压在一起。
6.接下来在饼干的一侧用三角形的黑色扁片和黑色泥条装饰饼干的表面。奥利奥饼干就制作完成了，放入烤箱烤制定型，备用。

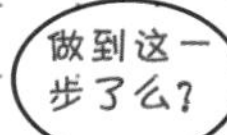

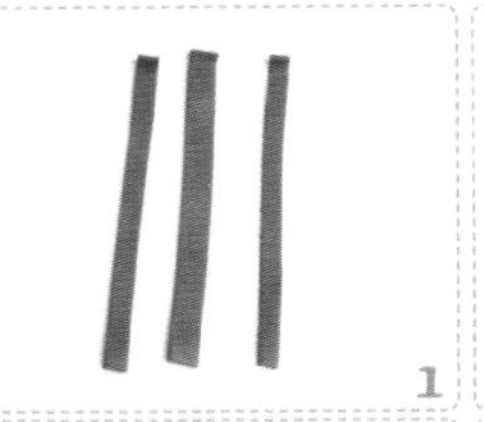

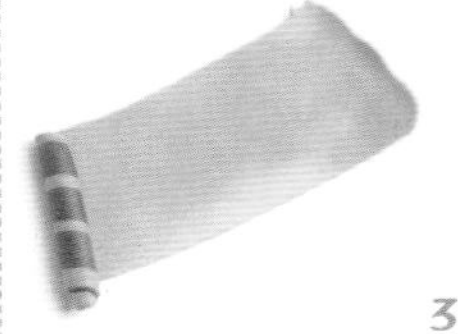

巧克力鸡蛋卷的制作

1.将深棕色的软陶压扁切成3条，如图所示。
2.再将浅棕色的软陶擀压成宽的长方形，将步骤1中3条深棕色的软陶叠加在上面。继续擀压平整。
3.然后向内卷起。
4.最终效果如图。

杏仁的制作

1.将棕红色的软陶揉成水滴形。
2.然后用刀形工具在上面压出杏仁的纹理。
3.重复步骤1和2制作出4颗杏仁。

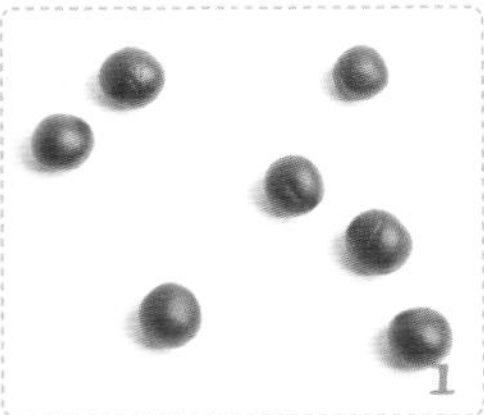

蓝莓的制作

1.将深紫色的软陶揉成小颗粒。
2.然后用球形工具在顶端压出凹槽。
3.接下来在压出凹槽的部分塞一些深紫色的软陶碎屑。
4.最后用淡紫色的色粉为蓝莓上霜。

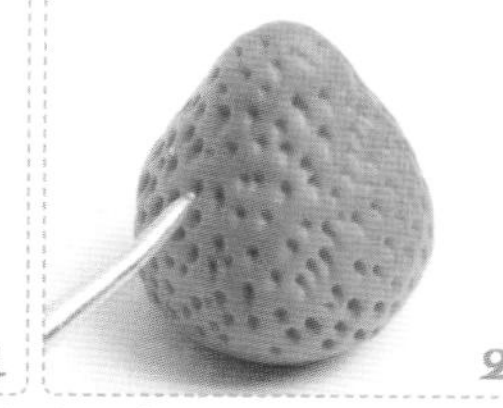

草莓的制作

1.首先将红色的软陶揉成水滴形。
2.然后用尖头的工具从上向下压出草莓籽的生长凹槽。
3.接下来用刀片将草莓切割。

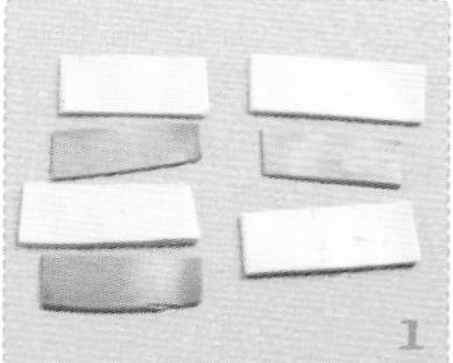

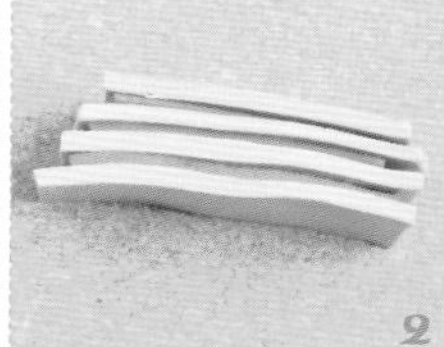

Point

软陶部分的材料烤制均是100℃10分钟即可

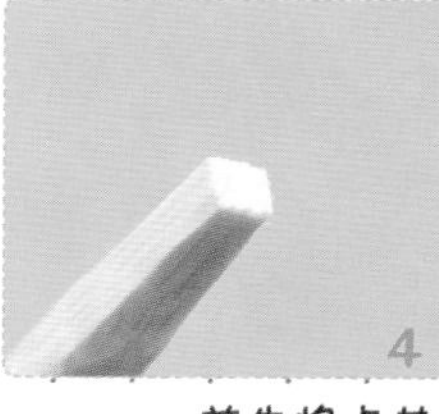

巧克力威化的制作

1.首先将卡其色和深棕色软陶擀成泥片切割成如图所示效果。
2.然后将两种颜色的软陶片按照图2的顺序粘贴起来。
3.用刀片工具切割整齐。
4.将一次性筷子一端切割成方块。
5.然后在卡其色软陶表面压出花纹。
6.最后用牙刷在侧面压出肌理。

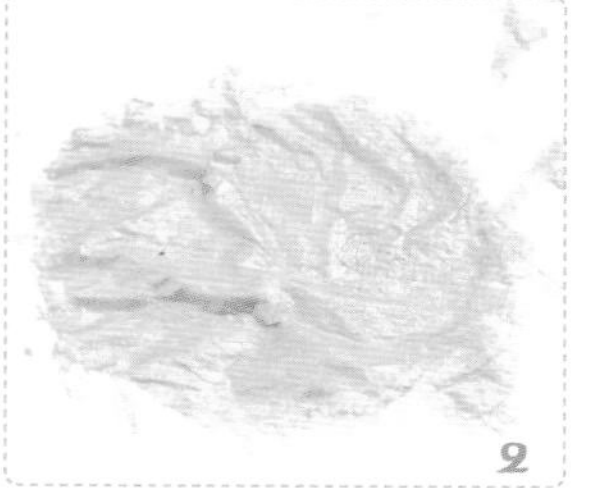

M豆和金箔的制作

1.用深棕、粉、橘红、黄色软陶揉成糖豆的效果，然后在表面画上“M”字样。
2.在纸巾两面均匀地刷上金色的丙烯，等干燥了作为金箔使用。

材料的组装

1.首先准备一只迷你塑料杯，在底部挤一些食玩奶油。

2. 再放入棕色粘土。

3.在棕色的粘土上方加入白色的粘土。

4.将白色的粘土堆高。

5.在下方插入杏仁。

6.然后在杏仁之间插入草莓片。

7.接下来围上蓝莓。

8.将M豆铺洒在白色的粘土上。

Point

这里用来制作冰激凌效果的是超轻纸粘土。纸粘土的肌理和光反射的效果更加接近真实冰激凌的效果。想要冰激凌的肌理效果更加地明显，可以用七本针进行再加工，让肌理达到理想效果。

9.将奥利奥饼干插入整个冰激凌的上端。

10最顶端插上两根蛋卷。

11.在奥利奥饼干的另一侧插入威化饼干，注意有一定的角度倾斜。

12.将提前准备好的金箔剪成碎片粘贴在整个冰激凌上。最后插入便签夹。华丽的金箔冰激凌便签夹就制作好了。

锦市场的柠檬海胆
——可爱海胆便签插

10 MONTH 15 DAY

京东锦市场的海鲜店有可以即食的海胆刺身，老板就是在上面简单地撒了一些柠檬汁，不过味道很不错。那么今天猴子酱就和大家分享一款DIY海胆便签插。用萌萌的它们装饰你的书桌吧。

准备工作：
1.深棕、浅棕、橙色、黑色、粉红色粘土
2.便签插

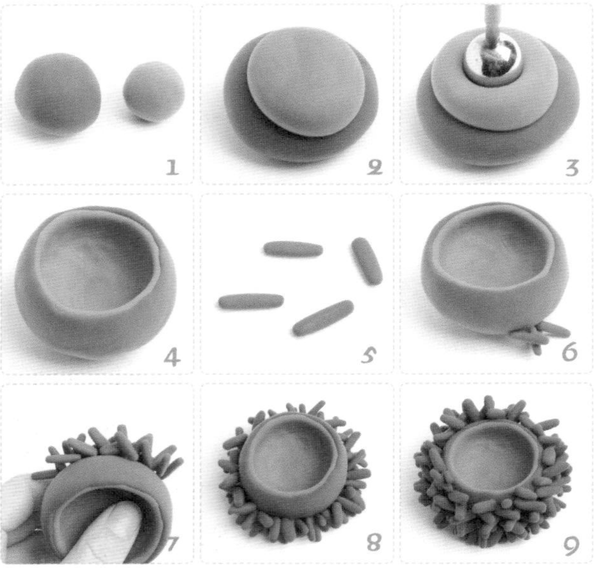

1.首先准备如图比例的深棕和浅棕色粘土。
2.然后将浅棕色粘土叠加在深棕色的粘土上。
3.接下来用球形工具将浅棕色的粘土压入深棕色的粘土。
4.最后形成如图所示碗状的粘土，注意边缘要能够区分出浅棕和深棕两个层次。
5.把深棕色的粘土搓成短粗的泥条。
6-9.开始交叉粘贴在棕色碗状粘土的外侧。从底层开始，然后一步步叠加，好像鸟巢一样将粘土贴在整个碗状粘土的外壁上。海胆的外壳就制作完成了。

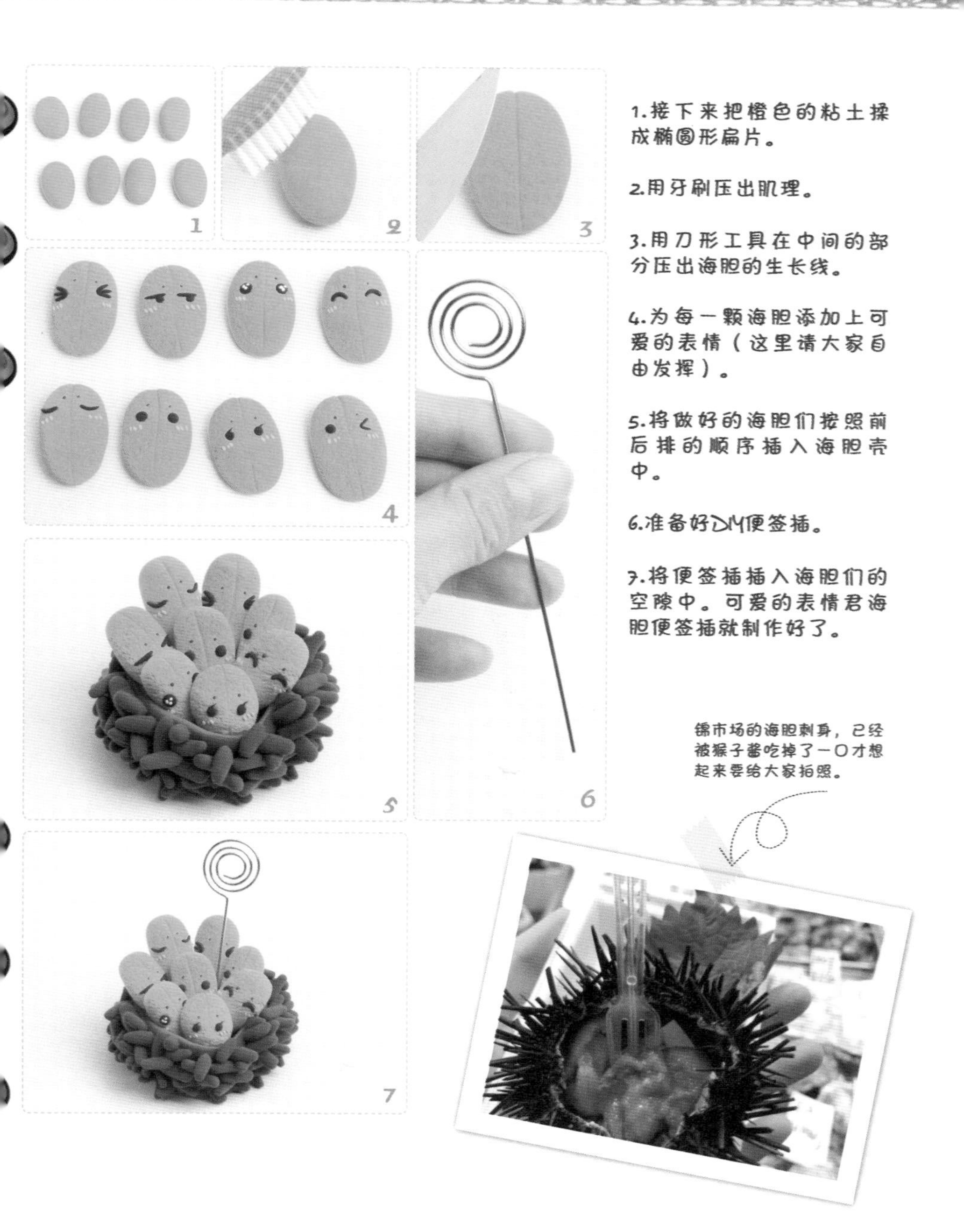

1.接下来把橙色的粘土揉成椭圆形扁片。

2.用牙刷压出肌理。

3.用刀形工具在中间的部分压出海胆的生长线。

4.为每一颗海胆添加上可爱的表情（这里请大家自由发挥）。

5.将做好的海胆们按照前后排的顺序插入海胆壳中。

6.准备好DIY便签插。

7.将便签插插入海胆们的空隙中。可爱的表情君海胆便签插就制作好了。

锦市场的海胆刺身，已经被猴子酱吃掉了一口才想起来要给大家拍照。

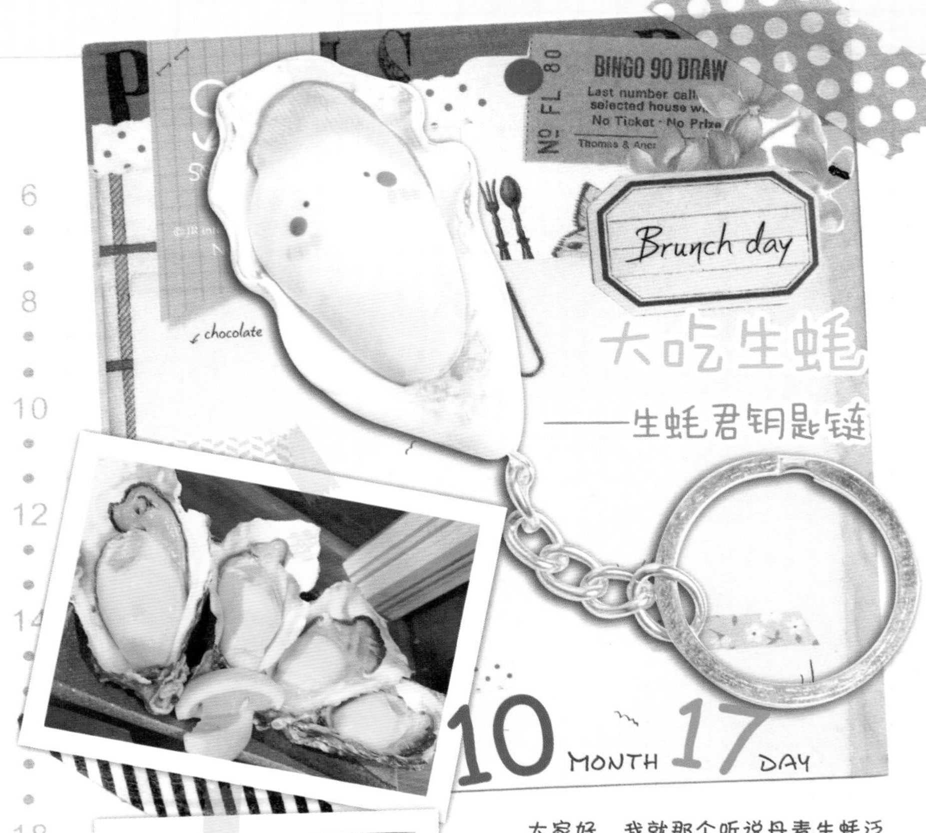

大家好，我就那个听说丹麦生蚝泛滥，决定舍身救援的猴子酱。快上船小喵，我们可以放开肚皮大吃特吃了！

旅游攻略书上介绍的锦市场里一进门那家的生蚝，真的很好吃，猴子酱自己吃掉了4个，害怕吃多了肚子受不了所以忍着没继续吃。

准备工作：

1. 白色、棕色、黑色、粉色、肉色软陶
2. 色粉、水粉、亮光油
3、DIY钥匙链

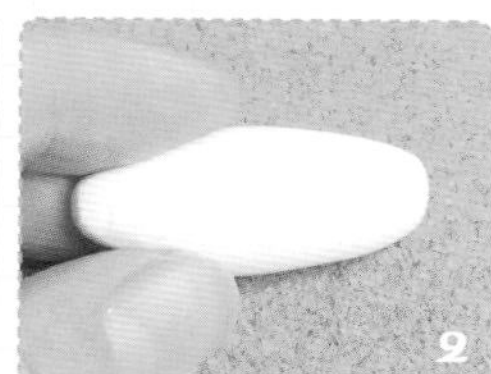

生蚝壳的制作

1. 准备白色和肉色的软陶。
2. 先将白色的软陶揉成长的椭圆形。
3. 用球形工具压出凹槽。
4. 继续用手整理边缘使其变得锐利一些。靠近贝类生长的连接处捏成椭圆的锐角。
5. 侧面效果。

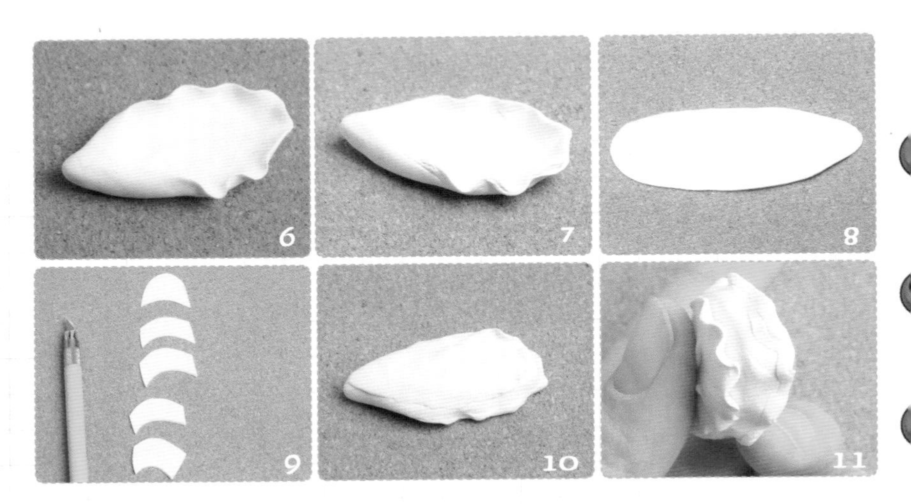

6.然后将边缘捏成波浪的形状。
7.用刀形工具在波浪形的边缘切出分层。
8.将粘土擀成扁片。
9.然后用刀片切割成如图所示图形。
10.按照一层压一层的粘贴方式，模仿生蚝生长的层次。第一层捏出花边，然后逐层粘贴压出上一层的边缘（这个时候因为素体是白色，所以层次比较难以看出来，请大家参看下面上色部分的步骤3，就可以看出来粘贴的层次了）。
11.生蚝侧面效果。

生蚝壳上色

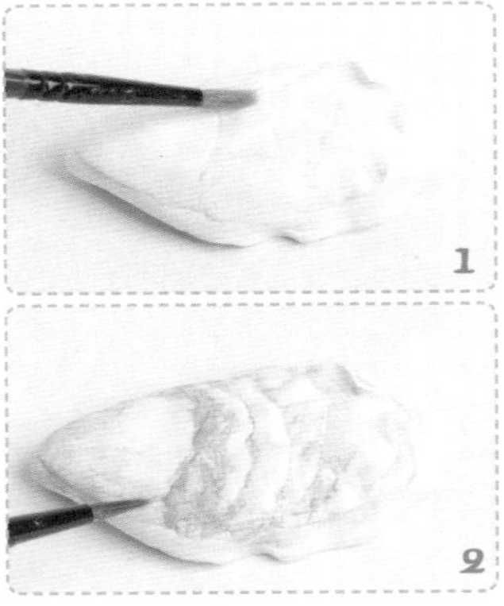

1.先用色粉涂上一层淡淡的黄色。
2.然后再用灰色和绿色调成图中灰绿的颜色，沿着生蚝生长层上色。

3.接下来再用浅棕色继续增强效果。
4.再来给内侧上色。

生蚝肉的制作

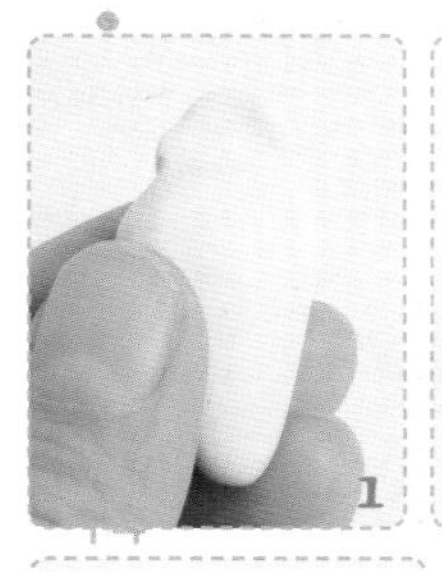

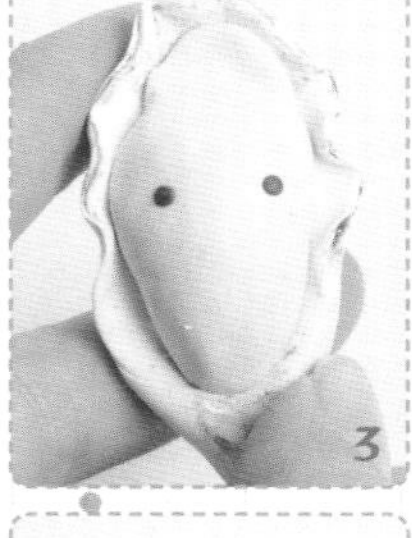

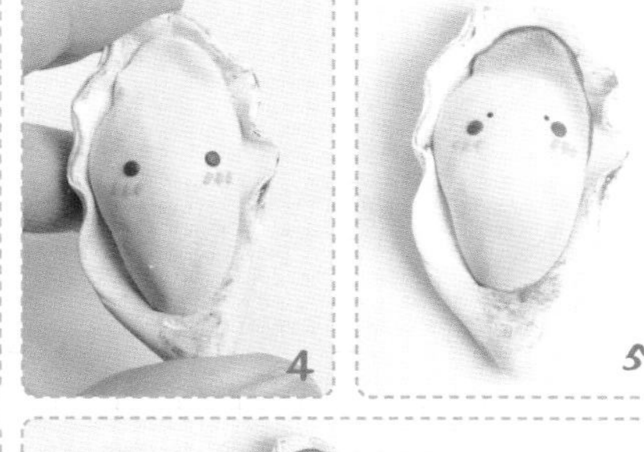

1.将肉色的软陶按照图1揉成生蚝肉的形状。
2.然后将生蚝肉塞入生蚝壳。
3.为生蚝君制作眼睛。用两颗棕色的小圆片。
4.接下来将粉红色软陶揉成细条，并切成6小段，然后按每侧3小段粘贴在生蚝君的眼角下方。
5.再用黑色的小泥球制作生蚝君的眉毛。然后用色粉上色，生蚝肉的下端用橙色的粉嫩颜色，顶部用黄绿色。最后再用深棕色的水粉给顶端画一道深色的边缘。
6.准备DIY金属链。
7.将金属链与生蚝固定在一起。然后放入烤箱烤制就可以了。

point

软陶入烤箱，100℃10分钟即可。

美食都是侦查出来的 10 MONTH 18 DAY

——"三不"章鱼烧钥匙链

回味无穷

美食都是侦查出来的，根据猴子酱多次试吃各地章鱼小丸子的侦查结果，总结如下：大阪心斋桥赤鬼的章鱼小丸子味道足，很好吃；东京新宿步行去涉谷的那条小路上有一家搭起来的简易贩卖亭，有很多种口味可以选，每种都很好吃；御殿场奥特莱斯的章鱼小丸子虽然买的人多，但味道很一般；京都锦市场里的章鱼小丸子味道很平淡；上野公园楼梯台阶下的那家章鱼小丸子面糊太厚没什么味道（以上只是猴子酱的个人的意见哦。说得不对不要拍砖!）。虽然这么直接点名的评价有点太尖锐，但是猴子酱又不想让国内的吃货们选错了后悔。那就再用小丸子们做一个三不章鱼小丸子警示一下自己做人要厚道，嘻嘻……

大阪心斋桥的赤鬼家章鱼小丸子，味道很好。

准备工作：

1.浅棕色、深棕色、粉色、黑色、白色、橘色、绿色软陶
2.DIY金属链

章鱼小丸子的基础型制作

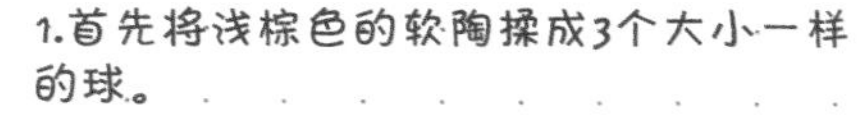

1.首先将浅棕色的软陶揉成3个大小一样的球。

2.然后用黑色的软陶制作表情。眼睛都是黑色小泥片粘贴的，区别在于眉毛的走向和样式体现不同小丸子的表情。

嗯，
这个不错！

point

等分软陶的办法，就是先将软陶揉成粗细一致的圆柱形，然后用刀片工具平均分成3段。

手和嘴的制作

1.接下来制作图1式样的3双小手。
2-4.然后分别粘贴在3个章鱼小丸子身上，一个是捂眼睛的，一个是捂嘴巴的，一个是捂耳朵的，形成三不小丸子的基本形态。然后给每个小丸子的脸上都粘贴上粉色的红脸蛋。不捂嘴巴的制作嘴巴，不看的嘴巴是弯曲的“ω”形。不听的嘴巴是用细节针压出凹槽，中间填一小块粉红色，嘴巴上方也粘贴一根“ω”曲线。

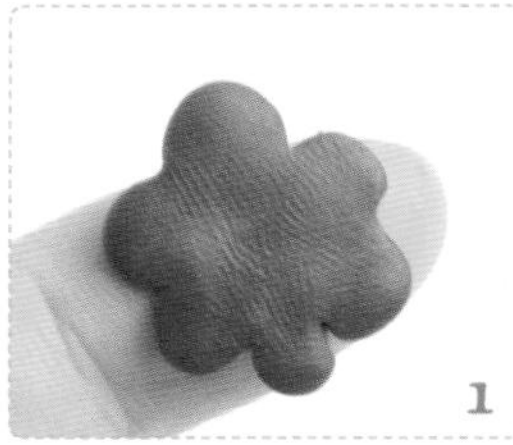

酱汁的制作

1.酱汁用深棕色的软陶制作；将软陶揉成扁片，然后用刀形工具在四周压出花边，并用手整理工整。
2.将做好的3片酱汁粘贴在章鱼小丸子的头顶。

辅料的制作

1.辅助材料我们选择绿色的软陶条先铺垫。
2.接下来将白色的软陶条做成长条盘绕在酱汁的顶部。
3.再撒上橘黄色的软陶小细条。
4.章鱼小丸子的整体效果。
5.接下来用9针和金属链条将章鱼小丸子连接起来。最后上端与钥匙环相连接，三不章鱼小丸子就制作好了。最后放入烤箱烤制之后刷上亮光油，整个制作就完成了。

point

100℃烤制20分钟即可。

小喵被欺负了

——奈良的咖喱面摆件

猴子酱和小喵买了很多鹿饼给奈良的小鹿，可是，却遭遇了一只发情公鹿的突然袭击，小喵整个都被撞飞了，在袭击过小喵后那只公鹿又陆续攻击了其他几名游客，吓得猴子酱赶紧抱着手上的小喵撤离了现场，幸亏小喵又小又轻，猴子酱觉得小喵惊吓的程度大于被顶撞的疼痛，于是只好抱抱哄哄，希望小喵赶紧好起来。也许是被吓到的原因，回去的路上肚子很快就饿了，看见这家面店排起长队，就觉得一定是家好吃的店，于是有幸吃到了这么特别的乌冬面。

当地很有名的一家面店，吃面的时候发现了一种很有意思的吃法，就是吃面还配米饭，可能是这个国家特有的饮食文化吧。不过，量是有点大了，两款主食吃得好撑啊！

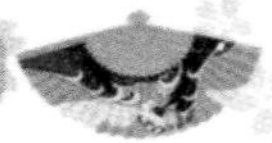

准备工作：

1.三绿色、米黄色、棕色、绿色软陶 2.滴胶 3.小木棍 4.水粉

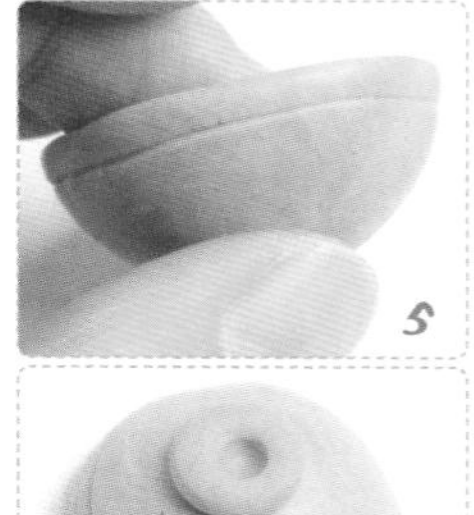
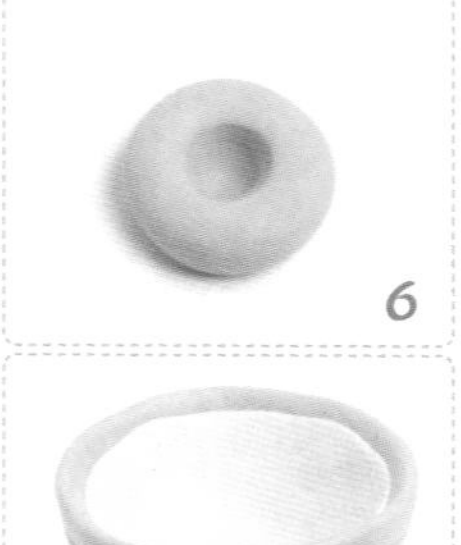

面碗的制作

1.首先将三绿色的软陶用球形工具压出凹槽。
2.然后用手指将其整理成碗形。
3.再将米黄色的软陶用球形工具压成凹槽的形状。
4.将做好的米色凹槽压入三绿色的碗中，效果如图。
5.再来用刀形工具在碗的外侧压出装饰线。画三道。
6.把一小快三绿色的软陶揉成圆片，然后在上面用球形工具压出一个凹槽。
7.将做好的碗底粘贴在碗的底部中心。
8.碗的整体效果。

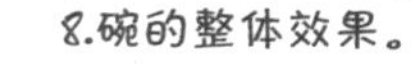

油豆腐包的制作

1.准备浅棕色、米黄色和绿色的软陶制作油豆腐包。
2.将浅棕色软陶揉成椭圆形。
3.然后用万能棒在上面压出捆绑后的褶皱效果。
4.接下来制作被扎起来的油豆腐包的顶部和褶皱。
5.在油豆腐包被扎起的一端压出凹槽。
6.将米色的软陶填充进去，然后用七本针压出油豆腐包内侧的肌理效果。
7.将绿色的软陶揉成泥线。
8.将制作好的油豆腐包的两个部分粘贴，然后将绿色的海带泥线绑在中间。
9.再在油豆腐包中间的部分压出一个参差不齐的凹槽，侧边的边缘也填充上米色软陶制作油豆腐内壁的效果。

面条和筷子的制作

1.将米黄色的软陶揉成细条，然后再将每一根乌冬面压成四棱形。
2.然后用刀子将一次性筷子削成如图小根的样子。
3.将做好的乌冬面挂在小筷子上。用液体软陶固定，然后需要提前烤制一下，将乌冬面定型。
4-5.将已经定型了的乌冬面插入油豆腐包的凹槽中，再将另外一根筷子固定在乌冬面的另一侧。
6.将做好的油豆腐包乌冬面放在碗里。放入烤箱烤制。然后用水彩在碗的边缘画上铁色的斑纹。
7.用色粉混合滴胶制作汤汁。
8.将汤汁倒入面碗里。一碗特别的油豆腐包乌冬面就制作完成了。

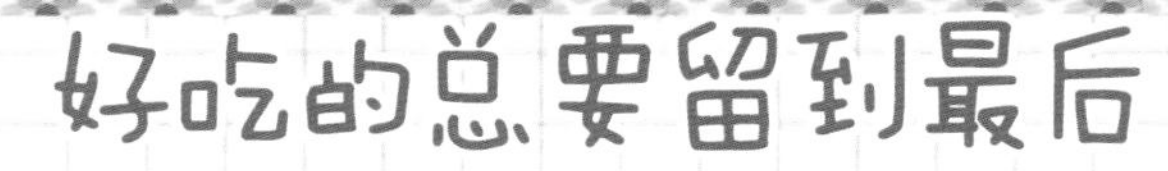

好吃的总要留到最后

——蟹道乐胸针

10 MONTH 20 DAY

嗯嗯，真好吃，小喵以为猴子酱最后一口吃不了呢，其实那是猴子酱留到最后吃的，有没有朋友和猴子酱一样，总是将最好吃的留到最后慢慢品尝呢？螃蟹是都吃光了，但还是可以做一只螃蟹胸针留个纪念。

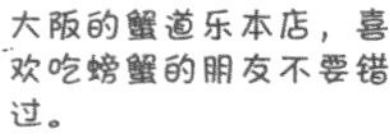

大阪的蟹道乐本店，喜欢吃螃蟹的朋友不要错过。

准备工作：

1.红色、黑色软陶 2.DIY胸针

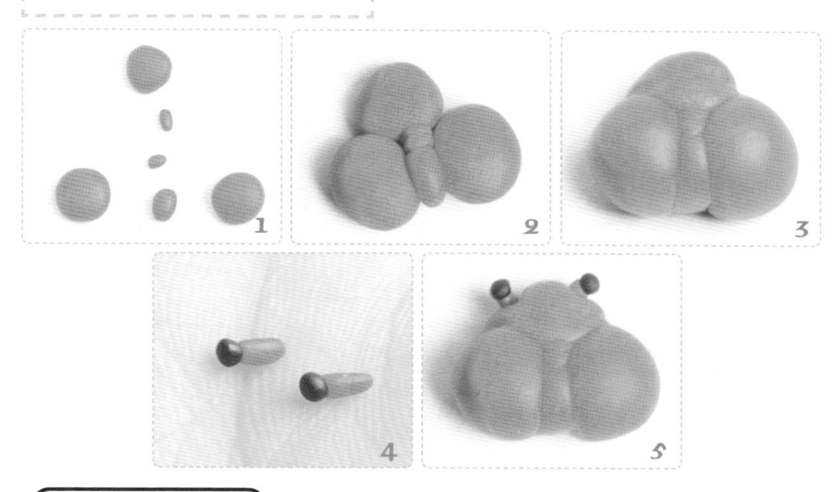

螃蟹身体部分

1.首先用红色软陶将螃蟹的身体分为6个组成部分。排列效果如图所示。
2.然后将各个部分组合在一起。
3.将每个组成部分捏紧，确保没有空隙。
4.然后用黑色和红色软陶制作如图所示的螃蟹眼睛。
5.用细节针在螃蟹壳尖头的一端压出凹槽，然后将两只眼睛粘贴在上面。

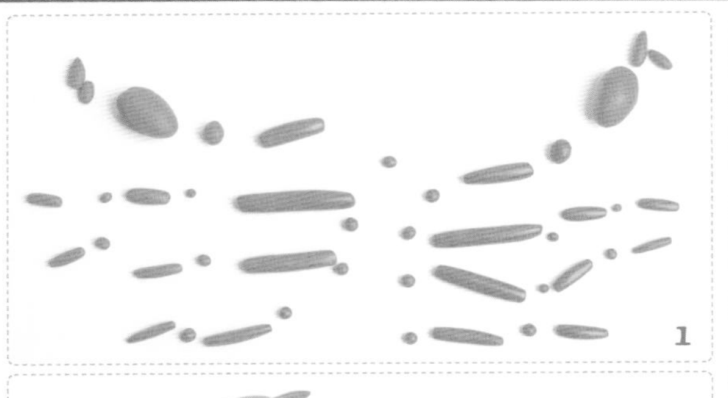

螃蟹腿的部分

1.图1是螃蟹的8只腿的分解图，我们制作螃蟹这种多关节的动物时，要将他们分解成不同的几何形体，不能图简单随便捏个泥条就代替了，那样不负责任做出来的螃蟹结构一定很粗糙。

2.将各部分螃蟹腿仔细组装起来，形成如图的排列效果，由于蟹道乐提供的螃蟹腿都很长，与我们平常吃的不太一样，所以我们参照图2的长短比例。

3.首先将最大的两只蟹螯粘贴在螃蟹的身体上。

4-6.接下来把剩下的3组腿，按照顺序组装到身体上，注意一下腿的倾斜角度，最后的一对蟹腿角度向下。

7.将组装好腿的螃蟹用液体软陶粘贴在DIY胸针上。然后放入烤箱进行第一次烤制。

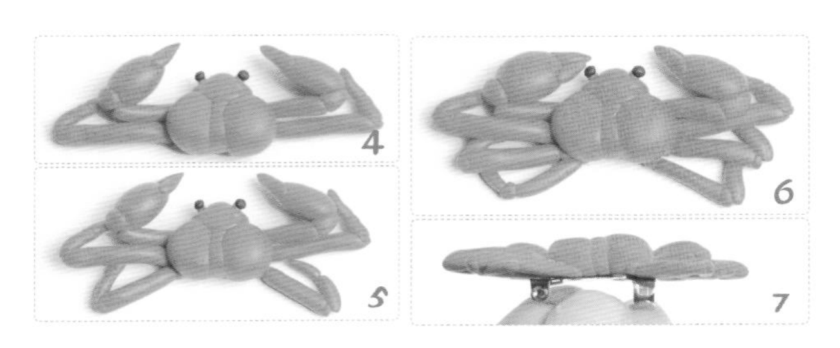

point

做粘土作品不要怕麻烦，把看到的物体进行分解，将它们归纳成几何图形是非常重要的步骤，由于我们需要捏塑粘土，进行造型工作，所以我们尽量在平时的制作中重视观察，你会发现，很多复杂的形体经过拆解就变得容易塑造了。

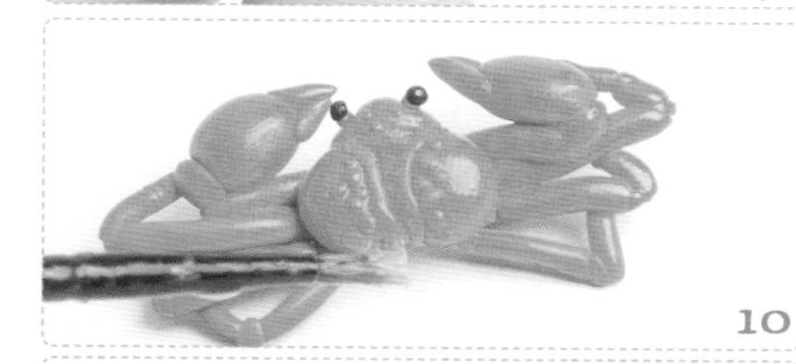

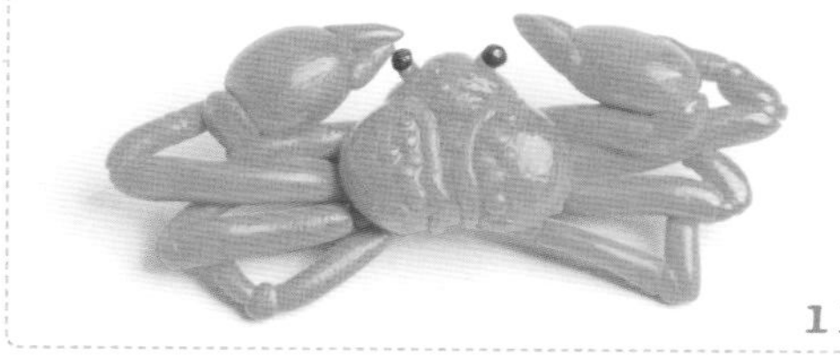

蟹壳花纹的整体制作

8.上次烤制是为了让螃蟹的基础型定型，接下来就要在螃蟹身体部分的壳上制作花纹，为了使螃蟹壳上不留下拼接的缝隙，我们重新用一块完整的红色软陶铺在外壳上，在外壳上捏上螃蟹的两条生长线。

9.再在生长线两侧和头顶捏上圆点的凸起。再用橙色的色粉在螃蟹的边缘部分刷上一些橙色的效果。

10-11.放入烤箱再烤制一遍，拿出来晾凉涂上亮光油，可爱的螃蟹胸针就完成了。

point

为什么要烤制一遍再在螃蟹壳上做整体填充呢，因为如果不烤硬了就无法实现螃蟹壳凹凸不平的效果，铺第二层软陶的时候可能会将下面的软陶压平，肌理变得不那么明显了。烤硬了下手就不用顾虑轻重了。

づぼらや
10 MONTH 21 DAY
有时候犯"错"
总是一瞬间
——河豚耳钉
我忏悔！下次不敢了，
吃好吃的一定带上你，
别生气了！

准备工作：

1.棕色、白色、粉色、黑色软陶
2.DIY金属配件
3.珍珠

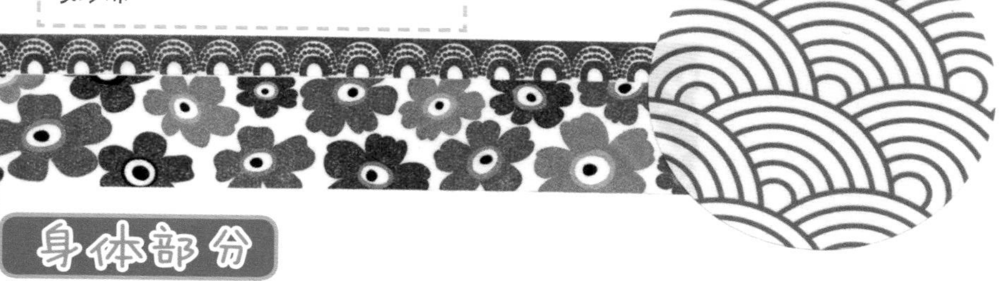

身体部分

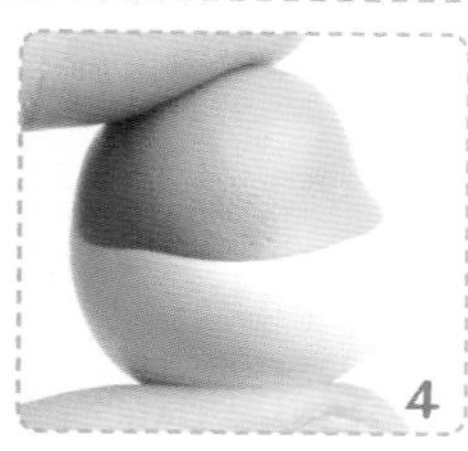

1.首先将棕色的软陶和白色的软陶揉成球，白色的用量大于棕色的，效果如图。

2.然后将棕色的软陶压出凹槽，再扣在白色的软陶球上。

3.接下来将两个颜色的软陶捏紧贴合。

4.侧面能看到，在制作河豚身体基础型的时候需在侧面压出一个弧度。

point

注意制作白色软陶的时候需要将手部清理干净，否则脏兮兮的配饰大家肯定不愿意戴出去。

五官和鱼鳍

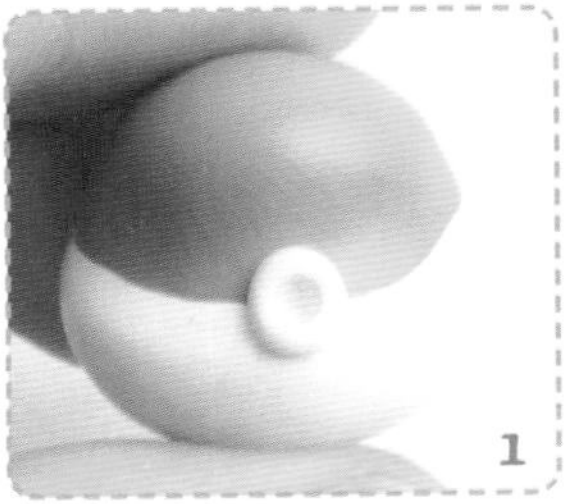

1.用白色的椭圆形圆球粘贴在两个颜色衔接的中间。然后用球形工具在中间压出一个圆凹槽。

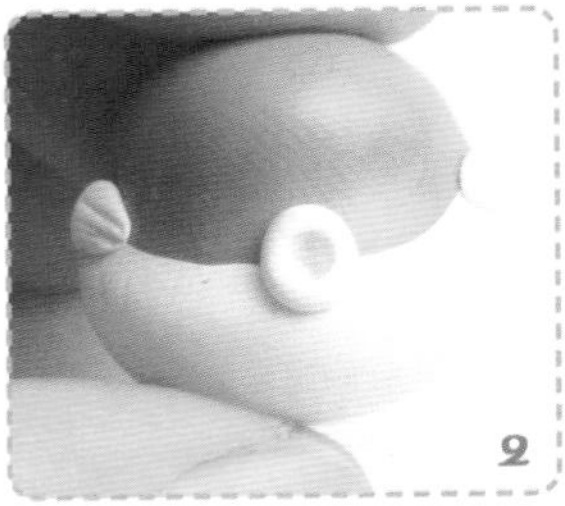

2.再把白色的软陶揉成两个小三角形，然后用刀形工具在上面切出鱼鳍的纹理。粘贴在身体两侧两个颜色的中间衔接部分。

3.再把黑色的软陶揉成小圆点。将两个小眼睛粘贴在嘴巴的两侧。

4.再来做一个大一些的鱼鳍作为尾鳍，粘贴在尾部。

5.粉色的软陶揉成椭圆形小圆球粘贴在黑色眼珠的斜下方。

6.再把白色的软陶捏成小圆锥，粘在白色的肚皮部分。

7.然后将9字针插入河豚的头顶上方。

1 2 3 4 5 6 7

Point

这里先插入9字针是为了方便粘贴头顶的尖刺，是手的一个着力点。

耳环的组装

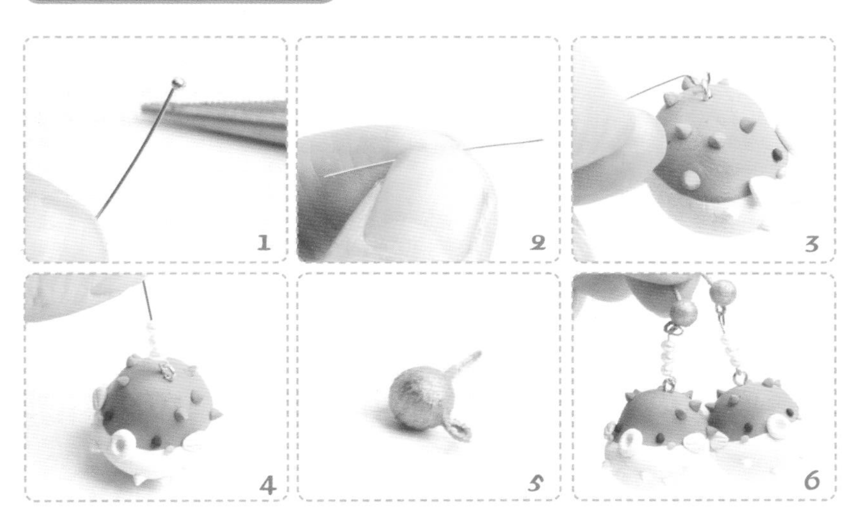

1-2.将球形针的一端去掉。
3.将金属杆挂在9字针的连接环上。
4.然后串上珍珠。
5-6.将准备好的金属耳钉和DIY耳钉连接起来。放到烤箱烤制，可爱的河豚耳环就制作完成了。

point

1.用球形针是因为球形针很细，可以让细小的珍珠通过。
2.100℃烤制20分钟即可。

点了河豚套餐，不过刺身的部分只有大家看到的盘子上透明的一些小薄皮，真的很少很精贵，味道和一般的鱼肉不同哦，非常地有嚼劲，很美味。剩下的鱼骨鱼肉有炸有煮，算是一鱼多吃吧。

来来来，
“马萨基”一下！

Hello

10 MONTH 22 DAY

迷路的意外之喜

——好吃的串烧冰箱贴

大家好，我就是那个出外旅行如果地图和现实出现偏差就一定会迷路的猴子酱，不过这次迷路却因祸得福，遇到了一家很好吃的烧烤店，嘻嘻，猴子酱爱吃肉！原来日本也有咱们夜市上吃的毛豆呀啥的下酒菜，真是有意思，很有亲切感。按照惯例，吃了好东西就一定要记录下来，今天就和大家分享这个串烧冰箱贴。

充分暴露了猴子酱肉食动物的本性，嘿嘿！

准备工作：

1.棕色、米色、绿色、红色粘土 2.竹签 3.水彩 4.亮光油

这是哪里？
是哪里？
怎么和地图上画的
一点不一样？

香菇烤串

1.首先将棕色的粘土揉成圆饼。
2.然后用刀形工具压出十字花。
3.将米黄色的粘土揉成泥条填充到压好的凹槽中。
4.然后再用刀形工具压一遍十字花。
5.将做好的粘土香菇晾干，用竹签串起来。再用水彩颜料上色，刷出烧烤过的烟火色。

point

请一定不要着急串串，等待晾干以后再串，否则粘土会变形。

鹌鹑蛋烤串

1.将米色的粘土揉成鹌鹑蛋的形状。
2.然后逐层上色，先上棕黄色。
3.再上棕色，最后上深棕色。
4.将3枚蛋都涂上颜色。
5.等待干燥以后再串串。

point

请一定不要着急串串，等待晾干以后再串，否则粘土会变形。

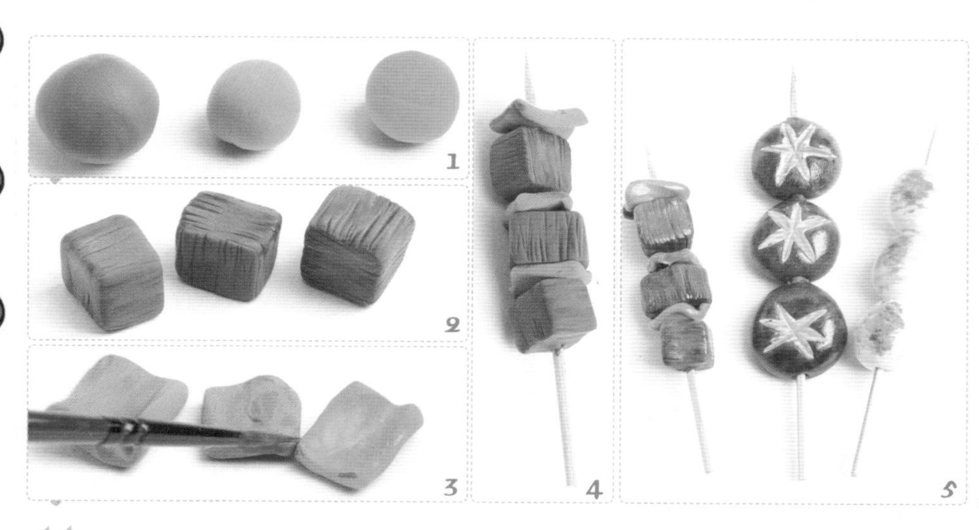

烤肉串

1.准备棕色、绿色、橘红色的粘土。

2.将棕色的粘土捏成方块，再用刀形工具切割出肌理效果。再给肉涂上烤制的颜色。

3.再将绿色的和橘红色的粘土捏成块状彩椒的样子。给做好的彩椒也涂上烤制后的颜色，效果如图。

4.将干燥好的肉块和彩椒串起来。

5.最后将3个烤串都涂上亮光油，诱人的串烧就制作好了，将磁铁粘贴好就可以去装饰一下厨房的冰箱了。

嗯，
老板请再来一份！

happy day :)

萨瓦迪卡

——热带水果项链

猴子酱长途跋涉，坐飞机、坐汽车一路颠簸来到了普吉岛，凌晨接车的司机简直就是秋名山车神呀，那速度，不是一般人能接受的，以猴子酱的体质当是血槽已空。但是，一觉醒来大海边沙滩上的早餐就让猴子酱瞬间满血复活。水果，好吃的热带水果，怎么觉得都比国内的甜上许多。猴子酱在普吉岛的日子里继续发挥大吃特吃的人生特点，当然也激发了创作的灵感，嘿嘿，今天就和亲们分享一款热带水果颈链，带上去招摇吧！

著名的芒果糯米饭和菠萝炒饭几乎是在普吉岛上每家餐厅都有的菜，虽然名字一样，但味道也是各有千秋哦！

准备工作：

1.黄色、米色、白色、橘黄色、绿色、紫红色软陶
2.DIY金属链条、珍珠

香蕉的制作

1.准备黄色和米色的软陶。
2.将米色的软陶揉成香蕉的形状。
3.然后将黄色的软陶擀成薄片，再将米色的软陶擀成薄片。将两个泥片叠加起来。
4.将黄色和米色的泥片剪成香蕉皮的形状。
5.用做好的香蕉皮包裹香蕉。
6.注意包裹的时候每个香蕉皮的接缝要对齐。
7.然后在香蕉皮包裹到一半的位置，把香蕉皮向外形成如图7的剥开香蕉的效果。
8.将香蕉把的部分捏成细条，然后在中间插入剪短的9字针。
9.再用色粉给整个香蕉上色，靠近把的部分上一些绿色，靠近尖的部分上黑色，效果如图。然后放入烤箱烤制待用。

point

100℃10分钟即可。

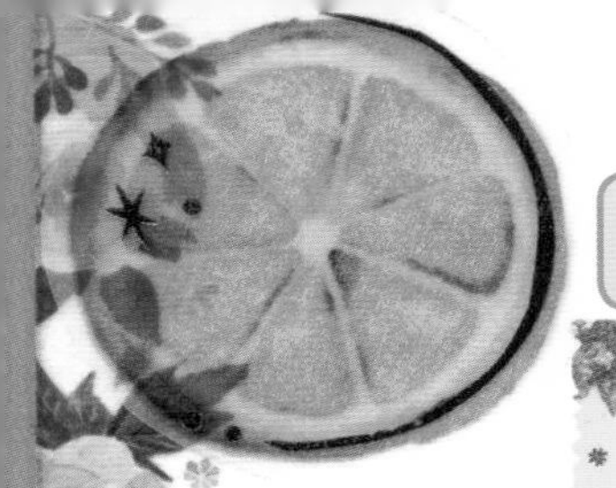

芒果的制作

1.首先将橘黄色的软陶揉成椭圆形。

2.然后用刀形工具切割。

3.注意切割的两条线要有一定的宽度，不要切透了。

4. 竖着切成如图所示的效果。

5.然后再横着切割。

6.切割好后将软陶掰得松散一些。

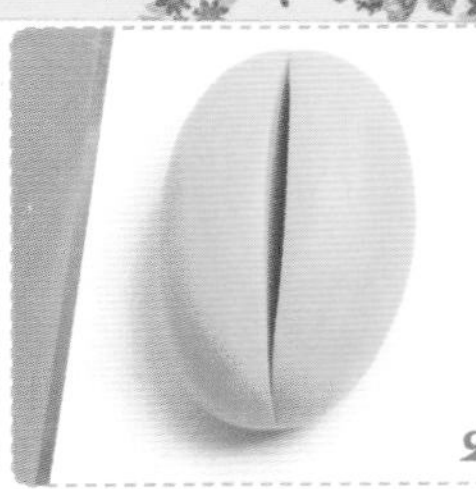

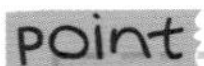

切割要用锋利的刀片，切的时候不要犹豫，刀起刀落要利索，以免让软陶变形，切记不要把粘土切断。

point

100℃10分钟即可。

参加表演的大象超级聪明，给它们喂甘蔗竟然不是一根一根地吃，而是用鼻子卷起来，攒上很多根才一次性放到嘴里去。简直就是找到了吃货同盟啊，能不能不要这么像啊！原来吃货不分国界也不分种群啊！

山竹的制作

1.首先将白色的软陶揉成球形。
2.然后用刀形工具在球形的表面划出蒜瓣的效果。
3.再将紫红色的软陶揉成圆形。
4.然后用球形工具压出凹槽。
5.将做好的山竹肉填充到紫红色的壳里。
6.再用尖头工具在壳的横截面上压出掰开的肌理。
7.将橄榄绿的软陶压成如图所示的有凹槽的小圆片，作为小叶片。
8.将小叶片倒扣着放在壳的底部。再揉一个小圆柱插在叶片中间。山竹就制作好了。
9.插入9字针，放入烤箱烤制待用。

point

100℃10分钟即可。

组合的方法

1.将烤制好的水果配件晾凉，然后涂上亮光油。
2.接下来按照图2准备金属链条，主链条和流苏部分分别用不同形状的金属链。我们做一个珍珠延长链来连接山竹。

point

这里猴子酱选用的珍珠是淡水珍珠，如果没有准备也可以用塑料仿的珍珠，或者其他亮晶晶的东西替代。

3.将水果和第一部分的金属链条连接起来，然后再准备另外一半的金属链，款式区别于下半部的形状，选择了较粗的链条，大家可以根据自己手头上的链条进行搭配，这些链条都可以在网上购买到，价格也很便宜，如果对金属过敏的朋友可以购买银制的链条，也有很多种类可以搭配。

4.将准备好的链条都连接起来，效果如图，大家可以在夏天美美地戴出去招摇一下了。

猴子酱在普吉岛的红色大帆船上感受了一把海盗生活！

thank you

don't worry be happy

https://clay7.taobao.com

有需要粘土和材料的朋友可以在这个网站购买。

后 记

请原谅猴子酱这样的小别扭，因为真的舍不得和大家说再见，在《猴子酱的日常萌物》《猴子酱的秘密花园》《猴子酱的美食之旅》中和大家一路分享了许多日常制作粘土小物的心得，其中也有很多不成熟和随性的东西，希望大家多包容，如果这三本书中能有一些作品帮到了你，如果你很喜欢猴子酱这位爱生活、爱粘土的女孩儿，我们将会非常开心，感谢一直支持《7号人轻松粘土手账系列》。期待下一个系列的相遇，那么我们再会了！

——7号人

与7号人亲密接触请扫这里！

欢迎加入“土气”微信公众账号